中国古代家具设计

○ 程艳萍 著

四川美术出版社

图书在版编目（ＣＩＰ）数据

中国古代家具设计 / 程艳萍著 . -- 成都：四川美
术出版社，2024.8. -- ISBN 978-7-5740-1254-7

I . TS666.202

中国国家版本馆 CIP 数据核字第 2024B5W169 号

中国古代家具设计

ZHONGGUO GUDAI JIAJU SHEJI

程艳萍　著

出 品 人：唐海涛
策 划 人：聂平
责任编辑：高远
责任校对：马天娇
出版发行：四川美术出版社
地　　址：成都市锦江区工业园区三色路 238 号（邮政编码 610023）
装帧设计：墨创文化
印　　刷：武汉鑫金星印务股份有限公司
成品尺寸：170mm×230mm
印　　张：11
字　　数：320 千
版　　次：2024 年 8 月第 1 版
印　　次：2024 年 8 月第 1 次印刷
书　　号：ISBN 978-7-5740-1254-7
定　　价：79.00 元

序言

中国古代家具经历了几千年的发展，从夏商周到明清时期形成了完整的发展体系，也创造了多彩的家具设计文化。中国古代家具作为古人日常生活使用的生活器具，无论从生产制作、日常使用、世代传承都蕴含着非常丰富的精神内涵，从中也映射出人们的价值观念、情感思想、审美意识，还反映了人类社会对伦理道德的追求，它们相互渗透，互为一体。这种伦理道德、情感意识与审美观念对人们的精神意识产生深远的影响，从而展现出家具设计文化的瑰丽多彩与深刻内涵。

本书以中国古代家具作为研究基点，借助伦理学的视角，提出了中国古代家具"设计伦理"的概念，从古代家具设计的文化伦理内核、古代家具设计的生态伦理内涵、古代家具设计的科技伦理内涵、古代家具设计的审美伦理意蕴和古代家具设计的传播伦理内涵来解读中国古代家具设计的伦理精神，将古代家具设计造物活动放置在人类社会活动和存在意义的高度去理解和阐释，诠释了中国古代家具设计、用物、传物的伦理内涵。

本书总结了中国古代家具设计伦理所体现的中国古人在处理人、物、自然之间关系的特殊态度，以及表现为一种将三者系统整合的时中精神以及对和谐、有序、平衡的自然境界的追求，并例证了中国传统和合精神在设计造物行为中的具体展现；同时，提出了设计造物的最终目标应该是对于人与社会、人与自然、人与物之间综合关系的理性协调，使人类社会朝着自己理想的目标和谐发展，设计不仅要注重物的实用功能和审美价值，更要回归伦理的范畴。本书从一个特殊的层面反映了中华民族的设计智慧和对世界文明的文化贡献。既有品鉴历史、认识当代的作用，又对现代家具行业的发展具有重要的指导意义和应用价值。

程艳萍

目录

目录

第一章

绪　论

伦理学作为哲学的一个重要分支，亦称"道德哲学"。从本质上说，伦理学即道德科学，是关于道德系统思考的独立的理论。在中国古代的文献中，"道德"一词最初是分开的两个概念。"道"在先秦时期就被广泛使用，含义甚多，有本体论意义的道，如庄子说："夫道，有情有信，无为无形。可传而不可受，可得而不可见。自本自根，未有天地，自古以固存，神鬼神帝，生天生地。在太极之先而不为高，在六极之下而不为深，先天地生而不为久，长于上古而不为老"；管子说："凡道，无根无茎，无叶无荣，万物以生，万物以成，命之曰道。"也有政治意义的道。荀子说："道也者，治之经理也。""道"的含义包括规律、必然、道路、合理、正当、理想、方法等等，道是行为应当遵循的原则。"德"表示对"道"的认识，践履而后有所得，亦即"道"的实际体现。"德"的观念起源于殷周时代，早在三千年前的甲骨文中就已经出现了"德"字，意即为"得"，两字相通。东汉刘熙对"德"的解释是："德者，得也，得事宜也"，意为"得"是把人与人之间的关系处理得合适，使自己和他人都有所得。[1] 许慎说："德，外得于人，内得于己。""德"与"得"同偏旁彳，表明与人的行为有关，故"德"又包含德行之意。古人讲德，多指德行。《中庸》云："苟不至德，至道不凝焉。"唯有至德，才能把至道表现出来。"道"是抽象的，"德"则是比较具体的。春秋战国时期，道与德经常并举，到了战国后期逐渐二词连用，合为一词。《周易·说卦传》云："和顺于道德而理于义，穷理尽性以至于命。"《荀子》的《劝学篇》云："故学至乎礼而止矣，夫是之谓道德之极。"《强国篇》云："威有三，有道德之威者，有暴察之威者，有狂妄之威者。"把"道"和"德"联结为一个词，亦即把两个概念结合为一个概念。在中国古代，"道德"虽已成为一个名词，但仍包含两层意思，一层意义是行为的准则，一层意义是这准则在实际行为上的体现。一个有道德的人，必须理解行为所应遵行的准则，这是"知"的方面；更必须在生活上遵循这准则而行动，这是"行"的方面；必须具备两个方面，才可称为有道德的人。[2] 作为一个完整的名词来看，"道德"是行为准则及其具体运用的总称。

道德产生的前提是劳动、社会关系和行为意识。劳动创造了人，使人区别于猿，从此开始了以生产活动为主的历史进程。道德主体的人的形成却是一个漫长的过程。当人刚刚脱离动物界的时候，生产活动也只是向自然界索取生存资料的原始活动，是未分化的统一活动。原始环境的恶劣、个体力量的单薄，决定了生产劳动必须在群体之间进行，共同劳动，相互协作，才能生存下去。这就决定了原始人类集体生产和生活资料共享的公有制生活方式。因

---

[1] 余亚平，李建强，施索华. 伦理学 [M]. 上海：上海交通大学出版社，2002：4.

[2] 张岱年. 中国伦理思想研究 [M]. 南京：江苏教育出版社，2005：20.

此，个人并未意识到个体与群体间的区别，个体与整体是一致的，那时还没有调节两者之间的道德需要。但随着社会生产活动的发展，特别是社会分工和协作的产生，人们交往日益扩大，使人满足需要的方式和程度不再整齐划一，个人需要与他人需要开始有了分别，个人需要从社会需要中抽离出来，整体和个体之间出现了利益分歧与矛盾，且这些矛盾随着剩余商品和私有制的出现慢慢上升为社会的主导关系，问题就出现了。由于人的社会性本质，或人的社会生产活动不可或缺的协作成分，使社会需要始终存在，而社会需要的满足程度首先制约着个人需要的满足，个人需要无限任性的满足将导致整体社会的分裂甚至是人类社会的彻底毁灭，那么个人的存在也将失去依存。因此，在这个层面上，个人发展自己和完善自己的需要与发展社会、完善社会的需要必然统一，就萌发出了规范人类行为的道德需要。人的需要是无止境的，正如马克思所说：已得到满足的第一个需要本身，满足需要的活动和已经获得的为满足需要用的工具，又引起了新的需要。由于物质生产的力量有了目的和意识，人的需要的满足的方式也不再是纯粹地、被动地依赖自然，而是积极地利用、支配自然界，这个进程造成的是人的需要的复杂化和庞大化，这是人类进步的动力所在，也使人的需要本身蕴含了一种向上的内驱力。[1] 所以，个人需要必须服从社会需要，必须以社会需要制约个人需要。中国古代的思想家认为，人生而有欲，生而好利，如果纵任其发展，必然从恶而背善，进而危害他人和国家社会，因此需要抑引，亦即提引理义，遏抑利欲，使之归于平正，达于中和。[2] 这里所说的"中和"是希望通过道德的协调功能达到最高的道德境界。

通过道德和社会关系两者日趋复杂密切的联系，我们可以清晰地看到道德的起源是社会关系发展到一定程度的必然结果。社会现代化的程度越高，人便越是依赖社会，个人需要也就越紧密地与社会需要相结合，调节两者之间的道德需要也就越发强烈。当人类社会逐渐摆脱原始状态之后，道德便不仅仅是人类生存和发展的最基本的需要，而是成为一种升华之后的高级的精神需要和精神追求。它主要表现为道德的自我超越性和善我性。道德的自我超越性是指个体的理性对其情感的超越，"现实"的我向"应该"的我或"理想"的我升华。道德的善我性是指道德人格的自我展现，是利他与善我的统一，自律与他律的统一，德行与功利的统一。因为道德的善我性必须通过利他，即满足社会需要和他人需要才能实现，所以道德所探求的目标就是社会人对于自身所面临的各方面关系进行理性的协调、处理，以必要的自我牺牲为前提来求得社会最大化利益的满足。[3] 道德从本质上而言意味着社会人对于自身行为在社会关系中"应当"与"不应当"的自觉意识，是人们调节相互关系的特殊的规范关系。[4] 伦理学的基本问题就是道德与利益的关系问题。它包含两方面的内容，一方面是物质利益与道德的关系问题，即物质利益与道德究竟谁决定谁；另一方面是个人利益和社会整体利益的关系，即个人利益服从社会整体利益，还是社会整体利益从属于个人利益的问题。物质利益是道德的基础，任何道德

[1] 余亚平，李建强，施索华. 伦理学 [M]. 上海：上海交通大学出版社，2002：26-27.
[2] 罗炽，白萍. 中国伦理学 [M]. 武汉：湖北人民出版社，2002：2.
[3] 赵屹. 中国民具传统与造物伦理研究 [D]. 南京：南京艺术学院，2000：2.
[4] 王育殊，史宇潜，等. 伦理学探微 [M]. 徐州：中国矿业大学出版社，1991：15.

都是一定经济关系的产物。一旦人们之间发生了经济关系，必然产生个人利益之间、个人利益与集体利益之间的矛盾，为了解决这些矛盾，使人们在社会中共同生活下去，就需要一定的道德来调节并约束人们的行为。所以从这一层面来说，我们可以将一切合乎道德标准的行为理解成合乎伦理规范的行为，它是相对理性的协调行为，而这一理性的协调行为应当在每个个体的人的社会心理和行为意识中达到一种自然和谐的精神境界。

基于以上这样一种对伦理精神的认识与理解，本书展开对中国古代家具设计造物的研究，期许从人文的视角去探寻由家具设计行为所引申出的各种伦理关系以及在家具造物、用物、传物过程中所体现出的深刻的伦理内涵。

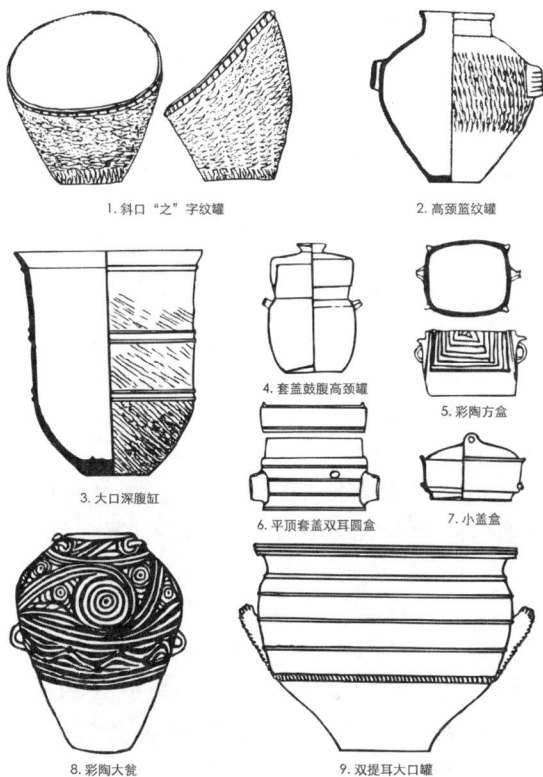

1. 斜口"之"字纹罐　　2. 高颈篮纹罐　　3. 大口深腹缸　　4. 套盖鼓腹高颈罐　　5. 彩陶方盒　　6. 平顶套盖双耳圆盒　　7. 小盖盒　　8. 彩陶大瓮　　9. 双提耳大口罐

图 1-1 史前时期陶制家具（选自李宗山《中国家具史图说》）

一、研究对象

中国家具源远流长，它是中国劳动人民在几千年的生活中所创造的文明成果。家具随着人类的产生、发展而不断前行，它与人们的生产、生活方式有着密切且不可分割的关系。家具作为人类社会生活的重要组成部分，是人类改善室内居住条件的第一需要，家具是伴随着人类住所的出现而产生的。从古人掘地穴居开始，就有了最原始的家具。如古人将草叶羽皮铺设于地面，即是我们今天所用的编织卧具——席的前身，还有用石板垒砌的"砧板"，把石块当作凳子等，这些无疑起到了简单家具的作用，只是这些最原始的"家具"不需要经过加工，特别是不需要对原有的形态进行再创造。当早期人类掌握了编制和制陶技术以后，室内的生活条件有了明显的改善，各种编织的器具，如席，已成为不可或缺的室内陈设，而那些灶、鬲、斝、缸、瓮、罐、豆、壶等陶制器具满足了古人类从炊煮、饮食到贮藏的各种生活需要，也使人类的生活更加方便（图 1-1）。随着原始建筑技术和劳动工具的发展，人类对各种木质材料的认识和利用能力也不断地提高。由最初的利用简单的原木到利用工具进行砍、削、刨、锯等各种加工手段的运用，制作出简单的板材、榫卯，木质家具的技术已初步具备。商代中后期以后，先进的金属工具的发展对木结构建筑和竹木家具的制作产生了巨大的影响和推动作用，使我国早期家具的发展在这一时期出现了新的飞跃，以至于竹木漆器家具代替青铜家具成为春秋以后中国古代家具发展的主流。

关于"家具"一词的含义，在不同时期有所不同。最初的家具包括室内各种用物，如坐卧用具、饮食用具、盛放用具、隔离用具、铺垫承托用具以及炊具和其他附属用具等。汉代许慎《说文解字·宀部·廾部》曰："家，居也；具，供置也。"明代梅膺祚《字汇·八部》曰："具，器具也。"家具最初即是指家庭生活中的各种供置用具。与其相近的词则有"家用""家器""家货""家什（什物）"等（分别见《管子·权修》《左传·襄公五年》《国语·楚语下》《史记·五帝本纪》等），出现时间多在汉代以前。而"家"与"具"合为一词则最早见于《晋书·王述传》："初，述家贫，求试宛陵令，颇受赠遗，而修家具。（后）为州司所检，有一千三百条。"这里的"家具"显然仍是指家内各类器具而言，否则不会达到一千三百条。而据北魏贾思勰《齐民要术·卷五·种槐、柳、楸、梓、梧、柞》记载："凡为家具者，前件木皆所宜种。"这说明北魏时期的"家具"一词已与现在的家具含义比较相近，即主要指家内使用的木制用具。《齐民要术》主要针对民间而言，民用家具一向以竹木为主，比不上富贵之家的金银玉铜重器；但民用家具变化快，生命力强，而且注重简便实用，这正是家具发展的社会基础，体现了家具来源于生活，服务于生活的基本特征。[1]

中国古代家具（也称中国古典家具），从夏商周至明清时期，历经几千年，有一个完整的发展体系。我们可以把中国古代家具发展史看成一部"木头构创的绚丽诗篇"。中国家具史同人类发展史一样，也经过了旧石器时代的漫长孕育，到新石器时代已渐趋成熟，但受当时环境和生产力的限制，家具制作十分简陋。公元前21世纪，中国家具开始进入青铜时代（夏商至春秋），这一时代被喻为我国古代家具的童年时代。从商周时期和春秋时期楚国的青铜家具，可以看出这一时期青铜家具在铸造技术、实用性和装饰方面都达到了较高的水平。战国至两汉时期，髹漆工艺高度发达，为漆木家具的发展提供了优越的条件。如1957年河南信阳长台关战国楚墓出土的雕刻彩绘漆木床，还有长沙马王堆汉墓出土的漆案、漆屏风等，都是这一时期漆木家具的优秀典范。这一时期是我国早期古典家具的第一个发展高峰。漆木家具多为框架榫卯结构，结合牢固，外形美观。这些结构历经各代不断改进和发展，形成了中国古代家具的重要特点。魏晋南北朝时期，各民族之间经济和文化的交流对家具的发展起了促进作用。高型家具的出现，使中国席地而坐的起居方式开始变革。唐至五代时期由于生活方式的变化，使人们的起居方式由席地而坐逐渐向垂足而坐变化，床榻、筵席等矮型家具的中心地位渐渐被椅、凳、墩等高型家具所取代，从而引发了中国家具史上的一次革命，使高型家具成为宋代以后主要的家具陈设形式。经过宋元时期的发展，明代中期以后迎来了我国家具发展史上最辉煌的时期。家具艺术日臻完美，无论是在家具选材、造型设计、榫卯结

---

[1] 李宗山. 中国家具史图说 [M]. 武汉：湖北美术出版社，2001，?

构还是在工艺制作、装饰手法等各方面均已达到空前繁荣的局面。其中最具代表性的当属明清硬木家具，这类家具形成了高度艺术化的家具陈设形式。在世界家具发展史上具有举足轻重的地位。

当前对中国古代家具的研究可以分成两个方面：一是对古代家具这一"器"的研究。它包括对家具的历史、形制、功能、制作工艺、鉴别，与环境的关系等方面的研究。从方法论的角度来说，是关于"物"的存在论的研究，也是对于设计文化的"现实点"的研究，即从重新认识的角度来确定其"本来如此"的研究。二是关于古代家具的社会学、伦理学的研究，可以说是"道"的研究，其中包括对家具造物的意义、利益的评价系统、文明价值的认可、创造性、审美特性的认可等一系列课题；是关于"物"的价值论的研究，也是对于造物文化的"理性点"，以及从科学阐释的角度来认定其"应当如此"的研究。[1] 本书将要展开的研究从主题内容看属于后一方面的研究范畴。书中所涉及的古代家具是历朝历代以汉民族为主体所使用的家具（包括民间家具和宫廷家具），少数民族的家具如藏族家具、白族家具等不在研究之列。

二、研究的价值

在现代人的观念里，家具的设计制造早已被现代化的生产方式所代替，家具制造过程涵盖了很多技术层面的东西。提及技术，当然是越先进越好，因为先进技术具有科学性，它代表制造家具的水准，同时，技术可以轻易地被移植。但事实上，技术只是家具制造的一个方面。制造家具还是涉及人们的生活习惯、生活理想、各地的风俗、审美意趣、社会政治经济背景以及人们的价值观和世界观等多方面人文因素的文化现象。而这一"文化现象"不通过人文环境是无法移植的。从这一意义来讲，设计造物的人文因素应当受到更多的重视与强调。

曾几何时，我国古典家具所取得的辉煌成就，对东西方许多国家产生过不同程度的影响，如汉、唐家具对朝鲜、日本的影响，明式家具[2] 对欧洲十七世纪巴洛克风格和十八世纪洛可可风格的家具都产生过深远影响，此外荷兰、意大利、德国、法国的十七、十八世纪的古典家具也不同程度地受到中国古典家具的影响。在将近大半个世纪的时间里，国人似乎已经遗忘了我国古代家具设计文化的精髓，任由它在逝去的岁月里沉沦，以至于第一个研究中国家具的竟然是个外国人，说起来实在令国人惭愧。1944 年，德国人古斯塔夫·艾克出版了《中国花梨家具图考》。一个德国人，以非常严谨的治学态度，撰写了有关中国家具的第一部专著，也是全世界公认的研究中国家具的第一个里程碑。因为有了艾克先生的这本书，世界各

[1] 许平. 造物之门[M]. 西安：陕西人民美术出版社，1998：152.
[2] 王世襄先生认为明至清前期的家具材美工良、造型优美。明代嘉靖、万历到清代康熙、雍正这二百多年（1522—1735 年），不论从数量来看，还是从艺术价值来看，都是传统家具的巅峰时期，其被称之为传统家具的黄金时代。这一阶段的家具称为明式家具。

大博物馆才开始注重中国家具的收藏。[1]第二个研究中国家具的是美国人安思远，1971 年出版了《中国家具》；1985 年，王世襄先生出版了《明式家具珍赏》。这三本书的出版，推动了我们对家具的认知，也把中国古典家具提升到一个前所未有的高度，使人们逐渐认识到古典家具的精髓所在，认识到中国古典家具是中国人聪明才智和文化积累的体现。

家具从无到有，从简单到复杂，其发展浸透着中华民族的政治制度、经济发展、文化艺术、宗教信仰、科技工艺、风俗习惯等各方面的历史印记，它反映了不同历史时期的价值观念、伦理道德标准、思维模式、行为模式以及审美情趣等等。本书的研究内容作为家具设计造物文化研究的一个方面，将立足于古代家具研究的基点，借助伦理学的视角，重新审视传统生活方式及家具设计造物行为中所蕴含的行为准则及价值标准，分析并探讨其是否仍然适用于今天的价值范畴及伦理学命题。这一研究旨在寻找建构于数千年文明基础之上的生活文明准则与今天的人文精神中的契合点，而不是仅仅论证它们在那些逝去岁月的全部合理性。透过对家具设计造物行为伦理特征的分析，我们可以感受到家具设计伦理精神既是人文的，又是科学的，也由此决定了它不仅仅是传统的、过去的，也是现代的，更是未来的，它对人类新世纪的设计造物行为无疑具有不可忽视的启示作用。因此，无论是当下还是未来，我们永远呼唤造物者的伦理意识，呼唤人类用负责任的精神来面对我们的生存世界。

三、研究方法

（一）历史研究

谈到中国古代家具就免不了要涉及中国家具史，虽然本书的撰写并不是沿着家具史的脉络而展开，但对于家具史的研读却是本书成文的必要依托。它能给文章带来丰富而翔实的例证。

对中国传统思想的史料典籍的梳理也非常重要，从这些典籍中可以离析出与设计造物相关联的许多伦理思想，这是设计思想的根源所在。本书还涉及古代与设计造物相关的记录、实际制造经验和一般相关观念的文献的整理，从设计制作行为的角度考察与本书研究相关的技术规范、设计观念与价值标准。

（二）哲学的方法

伦理学（价值论）作为道德哲学、人生哲学，它像本体哲学（本体论）、认识哲学（认识论）一样，其最基本的研究方法应是哲学的方法，即思辨的方法。思辨的方法包括反思的方法、批判的方法、建构的方法，是反思、批判和建构的有机统一。作为子系统的家具设计伦理研究，是最基本的研究方法。

---

[1] 马未都. 马未都说收藏·家具篇 [M]. 北京：中华书局，2008：165.

（三）逻辑的方法

归纳和演绎是应用非常广泛的两种相反的逻辑方法。归纳法是由一系列具体的事实概括总结出一般原理的一种思维方法，演绎法是从某一前提出发演绎出结论的一种思维方法。对于本书的研究，如果没有必要的归纳，就不能进行在丰富材料的基础上去粗取精、去伪存真的整理；同样，如果没有必要的演绎，也不可能以家具设计伦理的若干命题为前提，进行由此及彼、由表及里的分析，从正确的前提得出正确的结论。所以，这两种方法对本课题的研究起着重要的作用。

四、研究的主要内容

中国古代家具作为古人日常生活使用的生活器具，无论从生产制作、日常使用、世代传承都蕴含着非常丰富的精神内涵。人类的设计造物行为是区别于动物的特有的行为方式，它是一种具有普遍意义的社会性行为。它必然会涉及伦理学的范畴。由古代家具的制造、利用、分配以及占有所延伸出的各种人与人、人与物、物与物、物与环境、人与自然之间等一系列的矛盾关系，究其实质正是伦理学研究最基本的问题，即道德与利益的关系问题。而在古代家具生产生活实践中所引申出的上述种种伦理关系与范畴又不等同于普通规范伦理学，它应当属于应用伦理学的范畴，是普通规范伦理学的一个子系统。因此，本书将从古代家具设计的文化伦理内核、古代家具设计的生态伦理内涵、古代家具设计的科技伦理内涵、古代家具设计的审美伦理意蕴和古代家具设计的传播伦理内涵来解读中国古代家具的设计伦理精神，并将古代家具的设计伦理精神置于人的集体行为和传统生活方式这一大背景之中，侧重于从家具设计造物实践中所包含的各种利益关系及其所折射出的社会群体意识和行为规范的视角，来思考中国传统文化精神。

第二章

古代家具设计伦理的诠释

第一节　"设计"的语义分析

设计是人类为了达到一定目的而展开的一种有设想的、有意识的、有规划的创造性活动，旨在解决问题、满足需求，或者创造有意义的体验。它涉及将创意、想法和概念转化为实际的形式，无论其对象是物品、系统、环境还是数字界面等。设计不仅仅是外观和功能的塑造，还涉及思考如何使事物更好地适应其使用环境、与人们互动，以及传达特定的信息或情感。

翻开史书，我们可以找到"设计"这个词和许多与设计有关的词汇，比如"运筹设计""意匠经营""好谋而成""多算而胜""以奇计为谋，以绝智为主"等等。这里的"设计""意匠""经营""谋""算"都表现出一种古朴的设计思想，有"设下计谋""出谋划策"的意思，属于设想、运筹、计划与预算的范畴。"设计"在古汉语中并没有成为一个固定的词汇被广泛的应用。设计成为专业术语是现代的事，是从国外引进的外来词汇。[1]

"设计"一词的来源可以追溯到古代拉丁语中的"designare"，意为"指示""标记"或"绘制"。这个词是由"de-"（向下）和"signare"（标记）两个部分组合而成的，表示将标记、图案或符号绘制在某物上。随着时间的推移，这个词进一步演变为意大利语中的"disegno"，在文艺复兴时期，这个词被用于描述艺术创作和绘画。它不仅涵盖了美学和外观，还强调了创作的思考、构图和表达。从意大利语"disegno"到英语"design"，这个词的意义继续扩展，成为一个更为综合和广泛的术语。在现代英语中，"design"不仅适用于艺术和美学领域，也适用于工程、建筑、产品开发、系统规划等各个领域。它指的是通过有意识的创造过程，为满足特定需求、解决问题或实现特定目标，创造出独特的解决方案、产物或体验的活动。因此，"设计"这个词的演变反映了创意和创作在人类文化中的重要性，从最初的"指示"和"绘制"逐渐扩展为涵盖各种创造性活动的专业术语。

人类造物活动开始之初就带有"设计"的意识。设计造物是人类的本质力量的体现，是人类一切创造行为的标准与实现可能性的体现，是有形的物质创造与无形的智慧积累之间的接点，因此也是人类经验与智慧物化、定化、进化的重要标志。它既是文明创造的起点，也是文明进步的最终标志。[2]张道一先生将人类的设计造物文化称为"本元文化"。本元文化的特点是为了人的直接需要，也就是生活的需要，综合了人的多方面的知识和能力，创造各种实际应用的物品和理想的生活环境。[3]器物设计制造固然是从人类谋取基本物质生存条件开始，并且同物质生活状况的改善直接相关，但这丝毫不能改变另一个基本事实，那就是成器活动从很早的时候起就已超越了单纯求取生存的物质事实的界线，从而建立起了物品世界

---

[1] 李立新. 设计概论 [M]. 重庆：重庆大学出版社，2004：4.

[2] 许平. 造物之门 [M]. 西安：陕西人民美术出版社，1998：146.

[3] 李砚祖. 艺术与科学 [卷一] [M]. 北京：清华大学出版社，2005：23.

和包括人类精神现象在内的生活世界之间彼此呼应的联系。[1]中国这样一个礼仪之邦，礼制的观念渗入到社会的每个层面，就连器物设计也折射出这种等第秩序的观念。人类精神层面的丰富性在人造器物中展露无遗，这一事实使我们应当突破单纯的物质性层面来看待设计造物活动，设计不仅仅是创造了物质器具的有形结构，同时也创造了精神性的文化，而物质的与精神的有机统一就形成了丰富多彩的设计文化。这种文化，在物质器物这一载体中包含着精神文明的因子与文化创造的动力。

第二节　对于设计伦理的阐释

"伦理"一词，在我国的古代典籍中应用广泛。从词源学来看，"伦理"的含义是多元的。"伦"字的本义是"辈"的意思，"类"及"序"等皆由"辈"字之义引申而来。"伦"即人伦，封建社会指人与人之间的关系和应当遵守的行为准则。《孟子·滕文公上》："人之有道也；饱食煖衣，逸居而无教，则近于禽兽；圣人有忧之，使契为司徒，教以人伦：父子有亲，君臣有义，夫妇有别，长幼有叙，朋友有信。"孟子认为国家和社会起源于人伦，人格只有在人与人的关系中才能得到充分的体现和发展。"理"的原意是治玉的意思，《战国策》里谈到，郑国人称"玉"之未理者为璞，剖而治之，得腮理。"玉虽至坚，治之得其腮理以成器，不难，谓之理"，由此引申出有分、条理、道理、精微、道德等含义。"伦""理"二字连用，最早见于战国至秦汉之际的《礼记·乐记》。其中说："乐者，通伦理者也"，即"伦理"已经表示有关道德理论的意思，指人与人之间的道德关系。现在人们常常把"伦理"和"道德"当作同义词来使用，甚至把"伦理""道德"两个词连用。这里所说的"道德"主要侧重于人们之间实际的道德行为和道德关系，而"伦理"则主要指关于人们之间实际的道德行为和道德关系的系统原理或学说。

伦理道德作为人类所特有的意识形态，具有强大的渗透作用。它不仅作用于人的精神世界，同时又通过精神世界进一步作用于人的物质世界，从而影响人们生存、生产、生活的各个方面。在中国的传统社会里，作为协调人类各种社会关系的道德标准和行为规范的伦理道德不仅深刻地影响和制约人们的价值观念、行为方式，也是规范社会和人伦关系的准则和尺度。在不同的领域会表现出不同的伦理内容，也会体现出不同的伦理关系。在人类的造物活动及其物化的器物中，不但反映出人们的价值观念、情感思想、审美意识，还反映了人类社会对伦理道德的追求，它们相互渗透，互为一体。这种伦理道德、情感意识与审美观念对人们的精神意识产生深远的影响，从而展现出设计文化的丰富多彩和深刻的内涵。那些以实用为主的人造器物，时常向人传达着伦理的教化功能，并规范和制约着人们的思想和行为方式。人类通过设计行为生产、制造物品，营造生活环境，创造生活方式，推动人类社会不断进步。在造物活动中，自然会引申出以"物"为媒介的生产行为、使用行为和传承行为，它必然会

[1] 徐飚. 成器之道——先秦工艺造物思想研究 [M]. 南京：江苏美术出版社，2008：9.

涉及人与物、人与人、人与自然、物与物、物与自然的种种矛盾利益关系，我们把在广义的造物活动中，综合考虑人、物、自然的因素，发扬人性中的真、善、美，对设计造物行为所延伸出的各种矛盾利益关系进行平衡与理性协调的意识称为设计伦理。它是对传统伦理学的延伸和拓展，使人与物，人与自然之间同样建立一种伦理道德关系。

对于"设计"，我们可以分为三个层次：第一个层次是设计的功利性；第二个层次是设计的审美性；第三个层次是设计的伦理性。设计是以人的需求为导向的，人们设计造物时是把物的实用功能放在第一位的。实用功能即物的使用价值，是物作为有用之物而存在的根本属性，列宁对此曾有过一番分析，他说："如果现在我需要把玻璃杯作为饮具使用，那么，我完全没有必要知道它的形状是否完全是圆筒形，它是不是真正用玻璃制成的，对我来说，重要的是底上不要有洞，在使用这个玻璃杯时不要伤了嘴唇，等等。"[1] 设计的实用第一性原则是人类生存、生活必然性的反映。设计的审美性与伦理性都是在实用功能的基础上生发而来的。墨子认为："食必常饱，然后求美；衣必常暖，然后求丽；居必常安，然后求乐。为可长，行可久，先质而后文。"就是说首先满足生活的需求，然后才去求美。所以设计的实用功能与审美功能的结合是理性与感性的结合，后者必须建立在前者的基础之上。设计的伦理性在设计活动中往往作为一种理想和追求而存在。这种设计伦理的境界具有理想性，又极具实践性，理想性使其居于设计行为的最高层，而实践性表明，它实存于功利性和审美性之中。设计中对实用功能乃至审美、伦理等的把握与追求，具有历史本体论的意义。这三者之间，既互相融合，又存在着一种层次结构和递进关系，从低到高，以设计的功利性为基础，最终趋达最高的伦理境界。设计从功利迈向伦理的境界之路，实质上是设计的哲学之道。

本书所指的古代家具"设计伦理"的概念，是一个具有丰富内涵的概念，我们将多层次、多维度地来探究古代家具的设计伦理问题，本书将大体从三个层面来考察古代家具的设计伦理精神，即精神层面、文化层面和应用层面。精神层面是古代家具设计伦理的内核，它将家具造物活动放置在人类社会活动和存在意义的高度去理解和阐释，主要探讨古代家具设计造物的精神意义，哲学、伦理学对古代家具设计的影响，古代家具的伦理功能以及古代家具设计的伦理价值取向。所谓文化层面，就是从伦理学的视角审视中国古代家具文化，把古代家具设计活动中所引申出的伦理现象与古代家具设计文化结合起来，从而来阐述古代家具设计文化的伦理内涵，揭示古代家具与伦理的历史关联与内在逻辑。此外，还要基于人文学的视角对古代家具设计文化进行伦理评价。对于古代家具设计伦理的研究，不能只停留在理论伦理学纯粹抽象的概念上，要把伦理学和家具设计行为结合起来，要深入到具体的家具设计制作实践中去，这也就是我们所说的设计伦理研究的应用层面——它更倾向于应用伦理学，就是运用伦理学的基本原理，去分析或解决具体的家具设计实践，反思古代家具设计实践与当今家具发展中的具体伦理问题，如古代家具的设计伦理、古代家具设计造物的技术伦理、生态家具与环境伦理等一系列问题。

[1] 中共中央马克思恩格斯列宁斯大林著作编译局. 列宁选集（第4卷）[M]. 北京：人民出版社，1972：452.

第三节　古代家具设计的伦理性

　　家具的产生与人类的居所的产生有着很深的渊源。要有家具，就必须先有"家"，家具的出现是人类改善室内生活的第一需要。恩格斯在论述从猿到人的转变过程中指出，刚刚脱离动物界的人类祖先——初期阶段的猿人，依然生活在热带密林中，他们是居住在树上的，因为不这样就很难在莽莽荒野、猛兽成群的恶劣环境中生存下来。在这种与猿类生活相似的"树居"阶段，当然谈不上什么家具。《庄子·盗跖》篇云："古者禽兽多而人少，于是民皆巢居以避之。昼拾橡栗，暮栖木上，故命之曰'有巢氏之民'。"人类经历了"栖巢居树"的生活方式，再转到地面或洞穴中生活，最后靠自己的双手搭建住所，这期间经过了相当漫长的历史过程。我们可以想象原始人类的生活是非常简陋的，他们过着"茹毛饮血，衣其羽皮"的生活。原始人类开始懂得用树叶、干草、鸟羽和兽皮来御寒取暖，这些草叶羽皮铺设在地面上，就是"家具"的最原始形态——席的前身。当结绳和编织技术出现以后，人们渐渐学会了将树叶、草羽、皮毛等连缀起来当作铺盖，早期的家具慢慢发展起来。由此可见，原始家具的萌芽是在人类有了最基本的住所之后，为了改善室内生活，为了满足自身的需要而逐步发展起来的。它和建筑产生的根源有所不同，建筑的产生源于人类的精神性需求，是人类对于黑暗、死亡、遥远等神秘之事的精神恐惧，为了摆脱这种恐惧，为了寻求心灵的安慰，也为了遮蔽性的需求，人类的建筑产生了。家具的产生从一开始就源于实用的功利性，但是，随着时间的推移，随着社会制度的形成与更替，家具的伦理功能开始逐渐显现。

　　中国一向具有"淡于宗教，浓于伦理"的文化传统。对于宗教，中国人似乎有一种天生的淡泊，在中国人头脑中占支配地位的"神"，并不是西方人所绝对崇拜与服膺的具有超越性的宗教"主神"，中国人从来就不求助于一个外在的偶像来主宰自己的命运。中国的宗教起源于原始的自然崇拜和祖先崇拜（包括图腾崇拜），它是与农耕经济和宗法血缘文化相适应的，以祖先崇拜为特征的一种伦理性宗教，或宗法性宗教，"向苍穹曲下双膝祈魔的时候，早已向祖先牌位祷告过了"，这种伦理化宗教没有超越现实的彼岸世界的拓展，只在自然主义、功利主义、实用主义层面上徘徊，人们因为有了祖先的恩佑，内心缺乏对终极意义的信仰，从而未能发展为皈依超自然式世界主宰者的宗教。[1] 这种务世俗重的"王统"民族文化特性，使中国自古以来就是一个伦理大国，贯穿于中国社会数千年之久的儒家、道家的伦理道德思想，影响着中国社会生活的各个方面，但是，虽然中国文化中伦理道德的氛围特别浓重，它也只不过属于"礼"的内涵，并没有越出礼的范畴。中国向来被誉为"礼仪之邦"，

---

[1] 秦红岭. 建筑的伦理意蕴 [M]. 北京：中国建筑工业出版社，2006：28.

图 2-1 （商代后期）父己方鼎
高 21.7 厘米（选自李学勤《中
国青铜器概说》）

图 2-2 （商代后期）九象尊 高 13.2 厘米
（选自李学勤《中国青铜器概说》）

图 2-3 （商代后期）三羊鬲 高
39 厘米（选自李学勤《中国青
铜器概说》）

图 2-4 （商代后期）饕餮纹鼎 高
70.2 厘米（选自李学勤《中国青
铜器概说》）

"礼"是中国文化的标志，也是中国文化的根本特征。

"礼"是中国文化人伦秩序与人伦原理最集中的体现。正如法国启蒙学者孟德斯鸠说的："中国人的生活完全以礼为指南。""他们（指中国的立法者）把宗教、法律、风俗、礼仪都混在一起。所有这些东西都是道德，所有这些东西都是品德。这四者的箴规，就是所谓礼教。中国统治者就是因为严格遵守这种礼教而获得了成功。中国人把整个青年时代用在学习这种礼教上，并把整个一生用在实践这种礼教上。文人用之以施教，官吏用之以宣传；生活上的一切细微的行动都包罗在这些礼教之内，所以当人们找到使它们获得严格遵守的方法的时候，中国便治理得很好了。"[1]

礼是涉及中国古代生活几乎全部内容的伦理规则。礼既是规定天人关系、人伦关系、统治秩序的法规，也是约制生活方式、伦理道德、生活行为、思想情操的规范。它带有强制化、规范化、普遍化、世俗化的特点，渗透到中国古代社会生活的各个领域。[2]在这样一种文化背景下，中国古代家具也必然会被打上深深的传统伦理与礼制的烙印，所以，在很多情况下古代家具成为中国封建礼仪和宗教的表述工具。如商代的青铜礼仪家具，我们又称之为青铜礼器（图 2-1—图 2-4）。它们集"器"和"具"于一身，造型凝重浑厚，铸造的花纹古朴典雅，繁密精细，富有立体感。与日常用器相比，这些礼器主要用来展示它们的拥有者的豪华陈设和身份地位。礼器也只有在礼仪、祭祀和大型宴饮场合中才能使用，而且是大小有序、成套成列地摆在一起，它们是代表贵族等级、爵位的陈列重器，都是为祭祀和陈设专门铸造的贵重"家具"，它们的陈设性质已远远大于作为食器本身的意义。

[1] 邹昌林. 中国礼文化 [M]. 北京：社会科学文献出版社，2000：9-12.
[2] 陈喆. 建筑伦理学概论 [M]. 北京：中国电力出版社，2007：6.

古代家具在生活中常常扮演着"无言的教化者"的角色。从表面上看，家具和道德教育是从属于两个完全不同领域的概念，但这两个不同的概念却在中华文化的大背景下，存在着千丝万缕的联系。人类营造家具最初是出于一种本能的需要，但绝不只停留在这一层次，人类虽然具有和动物一样的本能，但人类还有理性的、精神的一面，而这是人所特有的本性。人通过理性的思维能力，有计划、有目的地制造家具，而不是本能。因此，人所营造、使用的家具从一开始就具有精神性要素和功能，从哲学上说，古代家具的物质和精神的双重意义是人性的反映与表达。所以，我们不能把古代家具仅仅看成是一种单纯的技术性的产物或是带有某种艺术价值的器物，而应该把其看作一种特殊的人文文化，由此便很容易认识到古代家具与伦理、古代家具与道德教化之间的关联性。具体来说，有以下几个方面的表现：

第一，古代家具作为人类设计活动的物化形式，它是社会文化的载体，古代家具文化本身具有综合性的特点，它与人类文化结构中的其他文化要素有着明显的区别。数千年来，家具伴随着人类历史已经建立起自己的"独立家族"与理论体系。家具的历史浸透着中华民族，特别是汉民族的政治制度、经济发展、文化艺术、宗教信仰、科技工艺、风俗习惯等方面的历史痕迹。家具记录了汉民族特定历史时期的价值观念、伦理道德观念、思维模式、行为模式和审美情趣等。数千年的人类历史，已经孕育了一个独立而富有的家具文化学科。[1]古代家具所反映的具有当时时代特征的伦理文化在中国古代家具文化中体现得尤为明显与深刻。正是因为古代家具反映着社会的伦理文化和价值观念，因此蕴含着巨大的潜在教育意义。

第二，古代家具所具有的艺术性，使它与建筑、绘画、雕塑、音乐等艺术形式一样，都是人类有目的的创造活动，总是伴随着某种隐喻功能，是一种潜移默化的情感熏陶与品德教育方式。古代家具作为一种造型艺术，从形态、纹样、装饰手法等各方面以其所特有的象征性符号或语言间接地表达或隐射某种"意义"，或者是阐明某种思想与观念，或是表达一定的情绪和感受。人们在生活中时时刻刻都在与之接触，因此具有一种不可选择性。

第三，古代家具所具有的文化性、艺术性、伦理性，使其在某种程度上具有教化这一精神性功能。虽然这种功能有时候是抽象而隐性的，但是它对人的影响是不容忽视的。中国古代家具文化很重视通过家具这一"无言的教化者"，来体现并宣扬封建纲常伦理与为人礼仪。且不说宫廷家具，从家具用材、形制、纹饰等方面处处体现出森严的等级制以及使用者的社会地位和权威，就连一般的民用家具也都体现出封建专制下的伦理规范。

---

[1] 胡文彦，于淑岩. 中国家具文化[M]. 石家庄：河北美术出版社，2002：前言.

第三章

古代家具设计的文化伦理内核

第一节 礼藏于器

礼是一个复杂的系统，它与政治、宗教、哲学、法律、习俗、文学、艺术，乃至于经济与军事融为一体，邹昌林先生认为"礼"是中国物质文化和精神文化的总名。《古礼新探》中说"礼"的起源很早。远在原始氏族公社中，人们就已经习惯于把重要行动加上特殊礼仪。原始人常以具有象征意义的物品，连同一系列的象征性动作，构成种种仪式，用来表达自己的感情和愿望。这些礼仪不仅长期成为社会生活中的传统习惯，而且常被用作维护社会秩序、巩固社会组织和加强部落之间联系的手段。进入阶级社会后，许多礼仪还被大家沿用，其中部分礼仪往往被统治阶级利用和改变，作为巩固统治阶级内部组织和统治人民的一种手段。[1]

"礼"繁体写为"禮"，《说文解字》中说："礼，履也。所以事神致福也。从示、从豊，豊亦声。"示，甲骨文写作"丅"，像神柱之形，本指神事。古豊、豐为一字，像祭器内物品丰盛之形。《说文解字》云："豐，行礼之器也。从豆，象形。""礼"本指用以"事神求福"的活动，是古人用"豆"这种盛器为工具举行的一种祭神的仪式。《礼记·礼运》中说："夫礼之初，始诸饮食。其燔黍捭豚，汙尊而抔饮，蒉桴而土鼓，犹若可以致其敬于鬼神。"说明礼最早是从与饮食相关的祭祀行为开始的。王国维在《观堂集林》卷六的《释礼》中说："盛玉以奉神人之器谓之'豐'，推之而奉神人之酒醴亦谓之醴，又推之而奉神人之事通谓之礼。"就是说礼最早指以器皿盛玉献祭神灵之事。郭沫若认为："禮是后来的字。在金文里面，我们偶尔看见用豐字的，从字的结构上来说，是在一个器皿里面盛两串玉具以奉事于神。《盘庚篇》里面所说的'具乃贝玉'，就是这个意思。大概礼之起源于祀神，故其字后来从示，其后扩展而为对人，更其后扩展而为吉、凶、军、宾、嘉的各种仪制。"[2]可见礼与器从一开始就是紧密联系在一起的。器是礼的精神的物质化载体。

礼在文化中起源很早，各民族都是如此。而在发展过程中，其他各民族的文化逐渐转入了宗教，整个中世纪，包括欧洲，都转向了宗教和神学。礼充其量只作为"礼俗"还存在于人们的生活中。礼在上层社会的交往中，也不过是限于礼貌的礼仪活动。礼在其他文化中，一般都没有越出"礼俗"的范围。而中国则相反，礼不但是礼俗，而且随着社会的发展，逐渐与政治、伦理道德、法律、宗教、哲学思想等都结合在了一起。这就是从"礼俗"发展到了"礼制"，既而又从"礼制"发展到了"礼仪"，礼俗、礼仪、礼制、礼规、礼义等，一直是中国人民行为规范的基本方面。所以，礼在中国文化中，不但起源早，而且一直贯穿到近现代。这种特征为任何其他文化所没有，也为中国文化的其他任何特征所不及。[3]正如钱穆先

---

[1] 罗炽，白萍．中国伦理学[M]．武汉：湖北人民出版社，2002：167．

[2] 郭沫若著作编辑出版委员会．郭沫若全集（第2卷）[M]．北京：人民出版社，1982：96．

[3] 邹昌林．中国礼文化[M]．北京：社会科学文献出版社，2000：13．

生所讲的，中国古代传统文化之核心就是礼。

礼文化起源于母系氏族时代，经过五帝时代和三代的两次整合，至西周时期基本定型。"殷因于夏礼，周因于殷礼"，《礼记》上记载的"虞礼""夏礼""殷礼""周礼"虽有相"损"的内容，但相"益"的内容更多，所以它们的发展是一个不断扩大的过程。孔子说："周人尊礼尚施，事鬼敬神而远之，近人而忠焉。其赏罚用爵列，亲而不尊。其民之敝，利而巧，文而不惭，贼而蔽。"周朝代替殷商而立，将萌生于商代的宗法政治意识形态改造为一种完备的宗法奴隶制的政治体制，如君权至上、封建分封、父子袭继、嫡庶有别等等，开创了一代空前的政治规模。在意识形态上以敬德为核心，吸取了殷纣失德倾权的教训。周公制礼作乐，订规范纪，形成了一套旨在维护周宗法奴隶制的亲疏、尊卑、贵贱、上下有别的礼仪规范和典章制度。周人之制礼作乐、祖孝敬德，充分体现了对亲疏、尊卑和以血缘为纽带的宗法等级统治秩序的肯定，从而也换来了胜于三代，"郁郁乎文哉"的西周奴隶制盛世，同时，也奠定了古代中国以伦理文化为本位的意识形态系统。春秋以降，随着周王室的衰退和诸侯称霸局面的形成，造成下级僭用上级礼仪的现象普遍发生，在这"礼崩乐坏"的时代，儒家对上古、三代礼教进行了全面地挖掘与继承，并结合当时现实社会需要进行了一定的改造，使其既不与礼教精神相背离，又能使其精神进一步放大，从而得到新的提炼和升华。到了汉代，由于儒家礼教思想最符合汉代统治者长治久安的需要，因此，汉武帝采纳了董仲舒提出的"罢黜百家，独尊儒术"的建议，利用儒家礼教思想对社会进行教化，使人民安礼乐俗，从而也奠定了儒学在中国文化中的主流地位。

儒家礼教思想带有浓重的伦理色彩，这种伦理化的礼教思想广泛渗透到精神文化与物质文化的各个领域。中国"浓于伦理"的文化传统潜行了几千年，形成了丰富、完善的伦理思想体系。虽然中国传统伦理思想是华夏民族各种文化互相整合而形成的有机体，其中儒、道、释是其基本的构成要素，但是以孔、孟为代表的儒家伦理思想则是主体与核心。

礼最突出的伦理特征就是对上下等级、尊卑贵贱的明确规定，而这些规范统治秩序和人伦关系的规定带有强制性、普遍性和世俗性的特点。《礼记·曲礼》中云："夫礼者，所以定亲疏，决嫌疑，别同异，明是非也。""贵贱无序，何以为国。"（《左传·昭公二十九年》）儒家把这种尊卑有序的社会等级秩序的建立看作安邦立国的人伦之本，希望通过每个人在既定的人伦秩序中安伦尽份，维护整体利益，能够形成一个长幼有差、贵贱有等、尊卑有序、等级分明的和谐社会。李泽厚先生认为孔子把"礼"以及"仪"从外在的规范约束解说成人心的内在要求，把原来僵硬的强制规定提升为生活的自觉理念，把一种宗教性、神秘性的东西变而为人情日用之常，从而使伦理规范与心理欲求融为一体。礼由于取得这种心理学的内在依据而人性化。由"神"的准绳命令变而为人的内在欲求和自觉意识，由服从于神变而为服从于人、服从于自己。[1]

作为传统文化组成部分的中国古代家具，必然要从一个侧面反映和表述传统伦理道德的

---

[1] 李泽厚. 新版中国古代思想史论 [M]. 天津：天津社会科学院出版社，2008：21.

理念与要求。古代家具的形态、结构特征，古代家具的功能使用、用材、装饰及家具陈设等各方面，无不浸透着传统伦理思想的种种特征。礼藏于器，通过把礼教思想物化为人们更容易接受的符号系统，以达到"成教化，助人伦"的目的。古代家具的伦理化是其物质功能的使用价值向精神功能的社会价值的进化，是"礼"从理性的教化向感性的器物形态的转化。礼对于中国古代家具的影响主要有两个方面，一方面是对古代家具设计造物行为的影响，另一方面是对古代家具使用的诸多限制。

一、礼在古代家具设计中的体现

朱熹认为"天下无一物无礼乐。"[1]礼是古代家具设计的尺度。

（一）在家具形制上的体现

礼仪规范决定了古代家具的形制。家具不仅是与人们生活密切相伴的日用器具，在某些场合，家具也是重大礼仪、祭祀、宴飨时用的礼仪家具，也称之为礼器，它是等级、名分、地位和权力的象征与标志。

图 3-1 （商代）司母戊大方鼎
（选自李学勤《中国青铜器概说》）

图 3-2 （商代后期）妇好偶方彝 高 60 厘米
（选自李学勤《中国青铜器概说》）

图 3-3 王子午升鼎 （笔者摄于上海奉贤博物馆）

图 3-4 殷墟妇好墓三联甗 （选自李学勤《中国青铜器概说》）

[1] 朱熹. 论语集注 [M]. 济南：齐鲁书社，1992：178.

新石器时代晚期，由于财富的积累、私有制的发展及大型聚落城址的出现，制陶工艺逐渐走向专业化，富贵之家便开始制作高档陶器，这些陶器用料讲究、造型典雅、工艺精湛，装饰华丽，通过精美陶器的供置陈设来炫耀身份、地位，体现当时的礼仪制度。进入青铜时代，人们掌握了青铜制作工艺，制作的青铜家具都是从最简单的日用器皿发展而来，造型、工艺和装饰特点不断推陈出新，从而形成了超越实用性的一整套青铜礼器和相应的陈设格局。那些做工精美、庄重浑厚的青铜器通常被陈设在贵族的殿堂或宗庙里，只有在重大礼仪、宴乐或祭祀等场合才被陈列出来，并形成了相应的使用制度和程序。青铜工具的出现，使对于木材的精细加工成为可能，漆木家具渐渐登上历史舞台。但无论何种材质的古代家具，基本上在制作过程中都与礼如影随形，如司母戊大方鼎、二里冈期的杜岭方鼎、妇好墓的三联甗、偶方彝、春秋中晚期的王子午升鼎等都是为祭祀和陈设而专门铸造的贵重礼器（图3-1—图3-4）。造型上皆以凝重浑厚为美，审美情趣趋于高贵华丽，也只有这样，它们才能配得上当时最为看重的祭祀和礼仪形式，成为配享神灵与祖先的专用器具。

孔子在春秋末期看到"礼崩乐坏"的社会局面时，对着一种新式的酒器曾这样感叹："觚不觚，觚哉！觚哉！"[1] 觚是中国古代盛行于商周时期的一种青铜酒器。高足、细腰、喇叭口，"器之有棱者也"，说的是觚的腹部和足部各有四条棱角，容量为2升。觚有特定的样式制作规范，如果偏离了制作规范则不合礼制要求，觚没有了棱角，那么也就不能称其为觚了。

图3-5 （战国前期）庋物小几（选自李宗山《中国家具史图说》）　图3-6 （汉代）卷耳几（选自李宗山《中国家具史图说》）　图3-7 （汉代）庋物几（选自李宗山《中国家具史图说》）　图3-8 （汉代）翘头几（选自李宗山《中国家具史图说》）

在我国古代，有一种非常流行的家具称为"几"，早期阶段的几可分为两种形态。一种是可以放置日用品或陈置器的"庋[2]物几"（图3-5—图3-8），它的功能比较近似于我们今天所用的几。另一种是指可以支撑身体、依靠用的"凭几"。梅膺祚《字汇·几部》中说："几，古人凭坐者。"凭几的最大特点就是面窄、高足，足部一般要比案高，适合人凭靠，而且腿足多向外张出，形体呈"几"状，所以许慎在《说文》中认为"几"字为其象形。在西周至春秋时期的文献中，关于凭几的记载比较多。《周礼·春官》中载有"司几筵：掌五几、五席之名物，辨其用与其位。"这五种凭几即是玉几、雕几、彤几、漆几和素几（图3-9—图3-11）。凭几乃是"养衰老""养尊者之物"，使用凭几的人非长即尊，故凭几在设计制作上十分注重工艺性。其板面加工细致，结构匀称合体，或髹漆或彩饰，或雕花或嵌玉，

---

[1] 雷原，齐怀峰，马玉娟. 论语导读[M]. 北京：中国民主法制出版社，2012：92.
[2] 庋，意为放置器物的架子，亦作放置。

但由于礼的限定，不同身份、不同等级的人在使用规格上是有所差别的。《资治通鉴》云："夫礼，辨贵贱，序亲疏，裁群物，制庶事。非名不著，非器不形。名以命之，器以别之，然后上下粲然有伦，此礼之大经也。"[1] 就是用器物的形态规则来类比不可动摇的社会等级秩序。

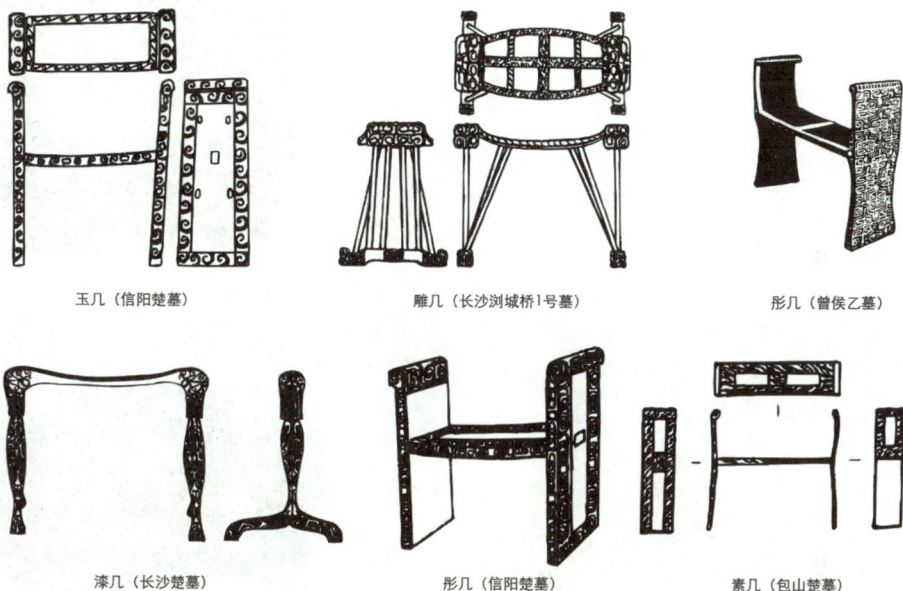

玉几（信阳楚墓）　　　　　雕几（长沙浏城桥1号墓）　　　　彤几（曾侯乙墓）

漆几（长沙楚墓）　　　　彤几（信阳楚墓）　　　　素几（包山楚墓）

图 3-9 （战国时期）"五几"形式（选自李宗山《中国家具史图说》）

图 3-10 曾侯乙墓"彤几"（选自皮道坚《楚艺术史》）

图 3-11 信阳长台关 2 号楚墓"玉几"（选自胡文彦《中国家具文化》）

[1] 司马迁. 中华名史集成 [M]. 杨钟贤校订，天津：天津古籍出版社，1998：1.

在严格的礼仪制度之下，工匠制作家具是不能随心所欲的，必须有章可循。正所谓"宫室得其度，量鼎得其象，味得其时，乐得其节，车得其式。"[1] 历朝历代在器物的营造方面都会颁布制作规范，甚至是以制度法令的形式作详细规定。如明代午荣编著的《鲁班经匠家镜》[2] 中就对家具的形制和尺寸做了详细的规定，并且认为器物的尺寸、形制大小涉及凶杀祸福，所以必须严格遵守。

《鲁班经匠家镜》中有一段制作大床的文字描述："下脚带床共高式（二）尺二寸二分正。床方七寸七分大，或五寸七分大。上屏四尺五寸二分高。后屏二片，两头二片。阔者四尺零二分，窄者三尺二寸三分，长六尺二寸。正领（岭）一寸四分厚，做大小片。下中间要做阴阳相合。前踏板五寸六分高，一尺八寸阔。前楣带顶一尺零一分。下门四片，每片一尺四分大。上脑板八寸，下穿藤一尺八寸零四分，余留下板片。门框一寸四分大。一寸二分厚。下门槛一寸四分，三接。里门转芝门九寸二分，或九寸九分，切忌一尺大。后学专用记此。"[3] 文中说转芝门可以宽九寸九分，但"切忌一尺大"。一分之差，竟然如此非同小可，这多数是与吉凶、禁忌相关。正如当年雍正明确规定清宫廷造办处的一切活计守则：工艺技法可巧可妙可新，"内廷恭造之式"不可失。恭造的不仅是一个家具的形态、表现一种装饰手法，更重要的是家具反映着一个国家的礼法。

我们今天去故宫或者去博物馆参观，都能看到一种家具，就是皇帝的宝座（图 3-12、图 3-13）。宝座是专为皇帝而设，它在形制上有别于其他普通的椅子，我们可以发现，宝座的造型很像床榻，为什么皇帝的宝座要设计成床形？因为在汉代之前，中国人最早的生活、待客中心是以床为中心的，所以床就成了地位最高的家具。宝座是皇帝的专有座椅，只有在登基、处理政务的时候使用。宝座的形制比较大，皇帝坐在宝座上四边都靠不到，就如同坐在一个大板凳上。

图 3-12（明）紫檀有束腰带托泥宝座（选自关毅《中国古代红木家具拍卖投资考成汇典》）

图 3-13（清）紫檀朱漆有束腰卷云足宝座（选自关毅《中国古代红木家具拍卖投资考成汇典》）

[1] 杨天宇. 礼记译注 [M]. 上海：上海古籍出版社，2004：663.
[2]《鲁班经匠家镜》的流传已有五六百年，是我国仅存的一部民间木工营造专著。此书在明万历间的增编本改名为《鲁班经匠家镜》。所谓"匠家镜"，就是说它像工匠家的一面镜子，有"指南"或"手册"的意思。《鲁班经匠家镜》是关于家具有图有文的古籍。它的增编年代在万历年间，正是明式家具具有高度成就的时候。当时图式的绘制和雕刻者都有相当高的水平，比较真实地描绘了各种家具的形态，是关于家具方面非常值得重视的一本书。
[3] 王世襄. 明式家具研究 [M]. 北京：生活·读书·新知三联书店，2007：361.

对皇帝来说，这其实是一件比较痛苦的事情。但是，宝座强调的是尊严，它是皇权与地位的象征。马未都先生认为中国家具的设计原则是"以人文精神为本"，在家具造物方面强调更多的是精神，不强调纯物质的东西，当尊严与舒适发生碰撞时，舒适一定要让位于尊严，即"尊严第一，舒适第二"。这与中国长久以来接受礼文化的熏陶密不可分。人们已经把这种强制性的伦理道德的教化转变为自觉的行为意识。再如清代的太师椅（图3-14），靠背、扶手与椅面呈90度直角，久坐肯定不舒服。俗话说：站如松，坐如钟。站有站相，坐有坐相。中国人讲究坐的姿态，这太师椅正符合中国人"正襟危坐"的礼仪要求，使人们自觉成为克己复礼的实践者，也是符合中国文化精神和审美取向的一种美的姿态。

图 3-14 （清）扶手椅（选自关毅《中国古代红木家具拍卖投资考成汇典》）

《考工记》[1]曰："知者创物，巧者述之，守之世，谓之工。百工之事，皆圣人之作也。"知者就是有智慧者。在古代，制造器物的工匠也必须是礼、德兼备的智者。家具在设计制作过程中被赋予了很多人文意义，制造家具的审美实践活动始终与伦理道德联系在一起。《髹饰录》[2]的著者黄大成，就把工匠品德作为漆工入门前必须知晓的工则置于全书第二章，予以高度强调。可见工匠的德行直接影响家具的合礼性。

（二）在家具用材上的体现

古代家具的材质区分也可见贵贱尊卑。上文所讲的青铜家具，在冶铜工艺出现的相当时期内，由于铜器的特殊价值决定了它比陶器要昂贵得多，因此铜器只能为极少数人拥有，绝大多数家庭仍使用陶制家具。至于成套的做工精美、浑厚庄重的青铜礼器，它们的制作不是为了实用，而是为了显示贵族的身份、地位和财富，为了光宗耀祖。

《周礼·春官》中所讲的"五几"，郑玄注云：五几乃左右玉几、雕几、彤几、漆几、素几五种。贾公彦说："左右玉几唯王所凭，雕几以下非王所凭。"《周礼·春官》又说："凡大朝觐、大飨射，凡封国、命诸侯，王位设黼依，依前南乡设莞筵纷纯，加缫席画纯，加次席黼纯，左右玉几。"贾公彦疏曰："王则立不坐，既立又于左右皆有几，故郑注立而设几优至尊也。"说明左右设玉几是至尊的表现。《仪礼·觐礼》中也有："天子设斧依于户牖之间，左右几"。郑玄在此注曰："此几玉几也。"由以上可见，玉几乃是天子的独享

---

[1]《考工记》是春秋末年齐国人记录手工业技术的官书，是中国最早的一部工艺著作，作者不详。西汉河间献王刘德因《周官》缺《冬官》篇，便以《考工记》补入，后刘歆改《周官》名《周礼》，从此《考工记》便被称为《周礼·考工记》。

[2]《髹饰录》是我国古代唯一传世的漆器工艺专著，作者黄大成，其为明代隆庆间新安名漆工。原著文字极为简略，天启间，嘉兴名漆工扬明为之逐条加注并作序，使其成为传世完书。

之物，玉几也是最高权力的象征。[1]《易·说卦》中说："乾玉之美，与天合德。"或雕或嵌的华美玉几，是唯有天子才能使用的家具，这同时也反映了古人"以玉比德"的伦理观。

三代以后，铁质工具的进一步使用，陶制家具、青铜家具逐渐被木制家具所取代。中国古代家具的使用材料有各种木材、竹、藤、草、石、玉、螺钿、金银、象牙、陶、瓷等，其中以木材为主。中国人十分喜爱用竹木类的自然材料制作家具。因为木材按照中国古代阴阳五行说的观点，其特性是周遍流行、阳气舒畅，阳气散布后，五行的气化也就显得畅通平和。[2]"敷和的气理端正；理顺随，其变动是或曲或直，其生化能使万物兴旺，其属类是草木，其功能是发散，其征兆是温和。"[3] 木材由于其敷和的气理、能使万物兴旺的吉祥意义以及温和的象征和预兆而具有社交的、伦理的、文化上的诸多象征意义，从而成为中国古代家具的首选用材。

图 3-15 （清早期）鹿角椅
（选自吴美凤《盛清家具形制流变研究》）

中国古代家具使用的木材主要分为两大类。一类是硬木，包括黄花梨、紫檀、酸枝木、鸡翅木、铁力木、乌木等优质木材；一类是软木，俗称"柴木"，包括楠木、榉木、榆木、柏木、胡桃木等等。古代家具发展到明清时期，在上层社会形成了一种使用优质硬木制造家具的风尚。明清宫廷、达官显贵、士族阶层对硬木家具偏爱有加，是因为优质木材质地坚硬，适合做精密的榫卯结构，同时也适合雕刻装饰；其次，木材纹理优美自然，色泽优雅，符合中国人的审美心理；更重要的是，用贵重的木材制作家具是社会地位、身份和财富的象征。家具在中国人的观念中是很重要的财产。

明清家具[4] 中，明式家具以黄花梨、紫檀居多，清式家具[5] 以酸枝木、花梨木居多。但紫檀家具最为名贵，乾隆以后更形成了"贵黑不贵黄"的风尚，所以清式宫廷家具还是紫檀家具占了绝大多数。

清代皇室中有一种非常特殊的椅子，即鹿角椅（图3-15）。鹿角椅是清代皇帝用他亲手

[1] 胡文彦，于淑岩. 中国家具文化 [M]. 石家庄：河北美术出版社，2002：5.

[2] 李轶南. 论中国器物的象征性特性 [J]. 装饰，2001，99(1)：60-62.

[3] 杭间. 从《黄帝内经》看明式椅的"功能" [J]. 装饰，1999，87(1)：56.

[4] 明清家具是一个时间的概念，是指明代的家具和清代的家具，不论是一般杂木制的，还是贵重木材，民间用的还是宫廷用的，皆可归入其中。

[5] 陆志荣先生在《清代家具》一书中总结从乾隆开始形成的家具风格统称为"清式家具"。它以豪华繁缛为风格，充分发挥了雕、嵌、描绘等手段，并吸收了外来文化的长处，在家具的外在形式上大胆创新，变肃穆为流畅，化简素为雍贵，一改前代风格。

打来的鹿，命造办处工匠制造的。此椅用料与造型独特，在清式家具中独树一帜。现知最早的鹿角椅是沈阳故宫博物院所藏的清太宗皇太极御用鹿角椅。该椅椅圈由两只大鹿角构成，角尖插入座面四角的覆莲形础孔中。背板分三段：中间一段的曲面之上刻有两节九行题记，上段面心雕云龙海水，下段面心雕如意云头，两侧嵌镀金倒挂牙板。椅座为宽长方体高束腰壶门托泥加矮足式，主体以花梨木做出框架，座面四周施以铜包角，面心为藤编软屉；座之四侧面各开以壶门洞，拐角处包镶鎏金柱牙；托泥做成铜包角托腮式，下附四矮蹄足，足间雕作花牙板。此椅前另有一花梨木高束腰三弯腿长方足踏，踏面也是铜包角，整体造型古朴厚重，与鹿角椅的足座大致相同。[1] 鹿角椅这种家具用料独特，做工精细，装饰工艺富丽华贵，凸显了皇帝宝座的高大雄伟，是统治者炫耀祖上功业，教育后世子孙的工具，带有强烈的政治色彩。

（三）在家具装饰上的体现

饰美是人类的天性，中国古代家具也不例外，家具上或雕刻，或髹漆，或镶嵌，或描绘，无不反映出人们对审美的需求。古代家具的装饰除了审美的意义之外，还有社会存在的意义，即家具装饰的

图 3-16 青铜器上的饕餮纹

图 3-17 青铜器上的夔龙纹

（以上图片选自余肖红、李江晓《古典家具装饰图案》）

礼化。古代家具的装饰作为社会礼制的工具和文化形式，在内容和形式上都表现出礼的性格和特征。《国语·郑语》云："物一无文。"所谓"物一无文"，即每一物都有自己的外在形式或自己"文"的形态，而在礼乐文化的氛围中，物的形式实际上变成了礼乐文化的形式，成为礼乐之文。因而，装饰作为器物外在的表现形式，也就成了礼的表现形式。在社会强大的"礼制"规范中，装饰被"礼化"，似乎具有某种历史的必然性。[2]

中国古代家具的装饰，首先是建立在社会政治化基础之上的。《左传》中记载楚子问鼎说："昔夏之方有德也，远方图物，贡金九牧，铸鼎象物，百物而为之备，使民知神奸……用能协于上下，以承天休。"铸造在青铜礼器上的纹样装饰，不是为了取悦于人的审美，而被赋予以政治教化和宗教的功能与价值。所谓"用能协于上下，以承天休"，是说装饰作为通神的媒介被宗教化了。礼器上的装饰所呈现出的宗教性、政治性，实际上是礼制的表现形式。礼原本是由原始的祭祀礼仪发展而来，在原始的礼祭活动中，礼器是通神之器，是人们

---

[1] 李宗山. 中国家具史图说 [M]. 武汉：湖北美术出版社，2001：356.
[2] 李砚祖. 装饰之道 [M]. 北京：中国人民大学出版社，1993：81.

图 3-18 青铜器上的凤纹

图 3-19 （商周）蝉纹

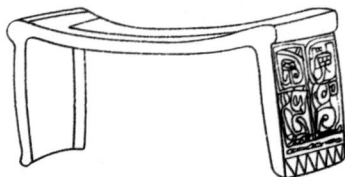

图 3-20 （商代）高俎的饕餮纹

图 3-21 （西周）长方禁上的龙纹

（以上图片选自余肖红、李江晓《古典家具装饰图案》）

沟通天与人、神与人的工具。张光直先生在《考古学专题六讲》中说到青铜装饰以动物包括神异的非现实动物形象为主，这些"动物"是巫师们通天地时的助手。

如殷商青铜礼器，其纹饰常以饕餮纹、蝉纹、龙纹、凤纹等装饰（图 3-16—图 3-21），造型浑厚庄重，装饰上透着威严神秘之气。其中饕餮纹是常用的纹样。饕餮纹遍见于青铜器鼎、斝、罍、觚、彝、俎、案、卣等诸器上，常装饰于器物的腹部，基本是平雕阴刻或浅浮雕。"饕餮"一词最早见诸文字是在春秋战国时期，春秋晚期鲁国史官左丘明所著的《左传》有云："缙云氏有不才子，贪于饮食，冒于货贿，侵欲崇侈，不知盈厌，聚敛积宝，不知纪极，谓之饕餮。"战国末年的《吕氏春秋·先识览》云："周鼎着饕餮，有首无身，食人未咽，害及其身，以言报更也。"文中将其说成是自相残杀的族类。而饕餮狰狞恐怖的凶狠形象似乎也完全符合"食人"这一含义。李泽厚先生在《美的历程》一书中认为，以饕餮纹样为主体的青铜纹饰突出了一种在"神秘威吓面前的畏怖、恐惧、残酷和凶狠"，让人感到一种神秘的威力和狞厉的美。饕餮纹是一种被神化了的非现实的怪兽纹，其特征大体是一个兽面，正面中间是鼻梁，一对凶猛威严的大眼以它为轴左右对称，眼上有角，传说因其贪婪，没有下巴和嘴齿，头上有似牛的双角，显示出一种强悍、狞狰的美。商代统治者用"狞狰、恐怖"的青铜器纹饰来表达王权的神秘威严，表达其对政治权力、地位与财富的占有，让人望而生畏。奴隶主在这些可怖、狞狰的纹饰中寄托了他们全部的威严、意志、荣贵、幻想和希望。张光直先生认为"青铜便是政治和权力"，但他认为这些动物纹样不是为了威吓，而是为了与神沟通。[1] 青铜器装饰的神异力量和特殊的功能价值，是与其作为礼器、神器即通

---

[1] 张光直. 中国青铜时代 [M]. 北京：生活·读书·新知三联书店，1999：22.

神工具的整个使命分不开的，而且，器物装饰与器物因其神性而完全一体化。[1]

在中国古代家具的装饰中，装饰被礼化是一个普遍现象。在整个礼乐文化弥漫的氛围中，家具的装饰被规范在礼的制度之中。以凭几为例，在《周礼·春官》中载有的"五几"，在考古发现中都能找到相应的实物。信阳楚墓出土的"嵌玉凭几"（纯玉雕的几目前尚未发现）呈立板式"H"形，侧板高58厘米，几面宽22厘米、长55厘米，通体髹黑漆，周边绘朱红色卷云纹，在几的两侧挡板外面和横板的两侧边上均匀地嵌有20块白玉。玉块颜色洁白醒

图 3-22　信仰长台关 1 号楚墓 "雕几"
（选自《河南信阳楚墓出土文物图录》）

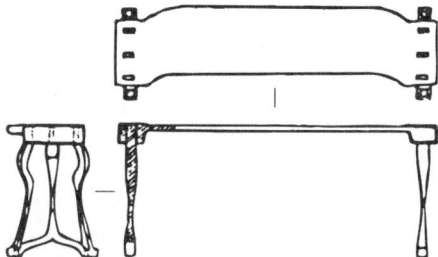

图 3-23　（战国）楚墓 "漆几"
（选自李宗山《中国家具史图说》）

目，每块玉的体积约1.5立方厘米。这即《尚书·顾命》中所说的"华玉仍几"，是"五几"中的最高规格（见图3-9）。

信阳楚墓1号墓的"雕几"（图3-22），几面是用整块硬木雕磨而成，花纹精细繁密，刀工深峻娴熟，富有立体感。从腿足结构看，每边的四条直栅足上下有别，足上部做成较粗的扁方柱状，足下部收成细圆柱足；四足排成一排，足与面板以暗榫套接，其间不加斜枨，足下端以圆榫形式插入条形足座中，通体再髹以光亮的黑漆。同样1号墓出土的"彤几"（见图3-10），也是呈"H"形的立板足几。在通体髹黑漆之后，于几面边部、立板上端和外侧绘以朱红色的连续云纹作装饰。包山楚墓出土的"漆几"（图3-23），几面曲度加大，两端厚，中间薄，面板两端以明榫各纳接三足，两侧足上部对称外凸（作拱肩状），中间一足作束腰式，足下接拱形足座，通体髹黑漆，整体结构更为科学、稳定，凭靠更加舒适。此墓出土的另一件凭几呈"H"形（见图3-9），几足上端内卷，横板中部略内收，底部作中间内凹的浅盘式，横板两端出扁长方形榫与两立板套接，该几在通体髹墨后又在显著部位用白粉绘出连续的"S"形纹和绚纹，线条繁密，使白色更为突出。这种以白粉饰几的方式正与《周礼》"五几"中的素几相对应，而且从所画白粉容易脱落、形体又偏小的特点看，显然非日常实用之物。这也与"凡丧事，设苇席，右素几"的记载暗合，从而确证战国时期仍然存在着《周

---

[1] 李砚祖. 装饰之道 [M]. 北京：中国人民大学出版社，1993：82.

礼·司几筵》中所说的"五几"系列（玉几、雕几、彤几、漆几和素几）。[1]在《周礼》的礼仪规范中，天子玉几，诸侯雕几，孤用彤几，卿大夫用漆几，丧事用素几。[2]几的使用等级分明，不容僭越，不同装饰等级的几代表着使用者不同的身份、地位。

中国古代家具装饰中，龙纹是装饰的一大母题。我们在历朝历代的家具中都能见到它的身影。龙是中华民族的图腾，是大自然威力的象征，受到以农立国的中华先民的敬畏和尊崇。东汉许慎在《说文·龙部》说："龙，鳞虫之长。能幽能明，能细能巨，能短能长。春分而登天，秋分而潜渊。"龙作为神兽，具有利万物的吉祥内涵。在先秦时期，龙纹被大量装饰在家具上，秦汉以后，龙被逐渐用于比喻君王。历代皇帝都以真龙天子自居，宣称自己就是龙的化身。龙成为帝王和权力的象征，帝王穿着龙袍，戴着龙帽，睡的是龙床，故此，用龙纹作装饰的家具为帝王所专用。龙纹的使用在封建帝王时期有着非常严格的禁忌。凡以龙纹作装饰的家具，多为皇帝和后妃们所专用。皇族中的亲王们被特许使用龙纹，但不得称其为龙。到了明清时期更是严格有加，连一品、二品大员也无资格使用龙纹家具。古代家具上的龙纹变化多端，有夔龙纹、螭纹、虬龙纹、正龙纹、行龙纹、升龙与降龙纹、穿云龙纹、戏珠龙纹、戏水龙纹、苍龙教子等形式。在清代宫廷家具中，用龙纹作装饰最具代表性。床榻、桌案、椅凳、几、架、箱柜、屏风等家具上，龙纹可谓无处不在（图3-24、图3-25）。

中国古代家具的发展到明清时期已达到巅峰的状态，家具的装饰手法多姿多彩，装饰的造诣也可谓登峰造极。明清家具除了纹饰的装饰外，其髹饰工艺也多种多样，如色漆、罩漆、彩绘、描金、堆漆、填漆、雕填、螺钿、犀皮、剔红、剔犀、款彩、戗金、百宝嵌等，用这些工艺制作的家具或秀丽典雅，或精致细腻，或富贵华美，或繁缛富丽，或金碧辉煌，这林林总总的家具都反映出其使用者、拥有者的社会地位、身份、财富和权力。

图3-24（清中期）紫檀嵌铜海水龙纹四扇折屏（选自关毅《中国古代红木家具拍卖投资考成汇典》）

图3-25 长沙马王堆3号汉墓云龙纹屏风（选自胡文彦《中国家具文化》）

[1] 李宗山. 中国家具史图说 [M]. 武汉：湖北美术出版社，2001：113-115.
[2] 胡文彦，于淑岩. 中国家具文化 [M]. 石家庄：河北美术出版社，2002：5.

中国传统的礼所表现出来的最大特征就是它反映了社会整体运行的秩序。所谓"安上治民莫善于礼，移风易俗莫善于乐"。礼所表现的序，包括社会等级秩序、人伦秩序、社会生活秩序诸方面。而装饰从形式上而言，同样也反映了一种秩序，即美的秩序，如对称与均衡、韵律与节奏、变化与统一等。前者是理性的、内化的，后者是感性的、外化的，两者的融合可以说是内容与形式的融合。古代家具的装饰被"礼化"，实际上就是被传统的"礼乐文化"所化。装饰作为艺术主要是形式上的，即主要是审美的，但又由于装饰作为社会艺术的一种存在形式，它又不得不为社会所左右，不得不被消融在传统的文化氛围之中，成为传统文化的一种艺术的表现形式。中国传统装饰的礼化，这一特殊的历史现象和历史存在，构成了中国传统装饰艺术的最显著，甚至是根本特征。[1]

第二节 古代家具的使用与"礼"

古代家具与人们日夜为伴，古代家具本身也是生活方式的缩影，古人的社会生活处处与礼为伴，礼是整合、协调人们社会生活的最高准则。《左传·昭公二十四年》载有："夫礼，天之经也，地之义也，民之行也。"古代家具与礼要相宜相称，故礼决定了古代家具的使用规范。

一、家具使用中数量的规定

《礼记·礼器》记载："礼，有以多为贵者：天子七庙、诸侯五、大夫三、士一。""天子之席五重，诸侯之席三重，大夫再重。""有以少为贵者：天子无介；祭天特牲；天子适诸侯，诸侯膳以犊；诸侯相朝，灌用郁鬯，无笾豆之荐；大夫聘礼以脯醢。天子一食，诸侯再，大夫、士三，食力无数……此以少为贵也。"可见数量的多寡成为封建社会象征等级高低的一种表现方式。如在使用俎的数量上，表现为多者为尊，少者为卑。《周礼·天官》载："王日一举，鼎十有二，物皆有俎。"其注云：十二鼎之中有正鼎九个，皆有牲体，所以牲俎是九个。也就是说，王每日食要设九俎。《仪礼·公食大夫礼》中明确规定："上大夫八豆、八簋、六铏、九俎，鱼腊皆二俎"。贾公彦补充说："下大夫六豆、七俎"。[2] 在先秦礼仪中用俎数量和用鼎数量基本是一致的，用俎的多少标志着使用者的等级高低。《礼记·效特牲》中，将鼎、俎并列，显示出用俎制度与用鼎制度是同等重要的。《礼记·燕义》云："俎豆、牲体、荐羞，皆有等差，所以明贵贱也。"在崇尚礼乐制度的周代，俎的使用等级分明、尊卑有序（图3-26、图3-27）。

席是我国最古老的坐具之一，席的使用也反映了礼仪规范。《周礼》云："天子之席三

[1] 李砚祖. 装饰之道 [M]. 北京：中国人民大学出版社，1993：88.

[2] 胡文彦，于淑岩. 中国家具文化 [M]. 石家庄：河北美术出版社，2002：8.

重，诸侯二重"。在《周礼·春官》中对于祭祀之礼，郑玄说："天子大祫祭五重，禘祭四重，时祭三重"，而"诸侯祫祭三重，禘祭二重，时祭亦二重"，"卿大夫以下惟见一重"。祫祭是古时天子、诸侯宗庙祭礼之一，集合远近祖先的神主于太祖庙的大合祭。禘祭为天子、诸侯宗庙五年一次的祭礼，与"祫"并称为殷祭。可见席的使用以多重为贵，一般敷席时，粗席在下，细席在上（图3-28）。

图3-26 春秋墓出土铜俎
（选自胡文彦《中国家具文化》）

图3-27 楚墓漆俎
（选自李宗山《中国家具史图说》）

图3-28 长沙马王堆汉墓"锦缘莞席"（选自胡文彦《中国家具文化》）

盛行于商周时期的编钟，属于上层贵族社会专用的乐器，代表了不可动摇的威严崇高的伦理精神。编钟的规模、悬挂方式，根据王公贵族不同的等级有严格的规定，天子悬挂四面，诸侯悬三面，大夫悬两面，士只能悬一面。[1]

《明史》乡饮酒礼的陈设有这样的记载："……盥洗在爵洗东，设卓案于堂上，下席位前，陈豆于其上。六十者三豆，七十者四豆，八十者五豆，九十者六豆，堂下者二豆，主人豆如宾之数……"[2] 用家具数量来表现对长者的尊重，是一种尊长礼仪的体现。

二、家具在使用中的位置限定

古代家具的位置摆放极为讲究，无论是席的布置、床榻的放置还是宫廷家具、厅堂家具的陈列等等，都受到礼的制约，包含着等级的含义。古代家具在室内空间中的位置，有方位

---

[1] 王琴. 中国器物：传统伦理及礼制的投影 [J]. 艺术百家，2007，98(5)：146-151.

[2] 朱家溍. 明清室内陈设 [M]. 北京：紫禁城出版社，2008：26.

上的尊与卑，坐次上的正与偏、左与右，位置上的前与后，层次上的内与外等诸多差别，这些差别也都被赋予了等级的语义。

《礼记·仲尼燕居》曰："室而无奥阼，则乱于堂室也。席而无上下，则乱于席上也。"《礼记·曲礼上》明确规定："群居五人则长者必异席。为人子者，居不主奥（室内西南隅的神位或长者之位），坐不中席（不敢居尊位）。"《论语·乡党篇》云："席不正不坐……君赐食，必正席，先尝之。"再如《礼记·曲礼上》中说："为长者奉席，奉席如桥衡（像井上桔槔一样有上下高低之分），请席何向，请衽何趾。席，南向北向，以西方为上，东向西向，以南方为上。""若非饮食之客，则布席，席间函丈（有相当于一丈的间距）。""虚坐尽后（非饮食时坐必靠后），食坐尽前，坐必安，执尔颜……正尔容，听必恭。""毋践履，毋踏席"[1]，就是说入室者不得蹑先入者之履，也不能践踏座席。由此可见，在布席、上席方式，坐者的仪态等都有严格而繁缛的规定。这种有关"席"的烦琐礼仪直到魏晋时期仍相当严格。

《日下旧闻考》记载明宫廷文华殿陈设"文华殿后东室，皇上斋居于此，绘'正心诚意'字悬于西壁，绘'敬一'字揭之门左右楣，设御榻东壁下，有御屏三曲护焉。"《明实录》中记载谨身殿赐宴时的陈设："朝贺毕，赐宴于谨身殿（明代前期称谨身殿，清代称保和殿）。内使监陈御座，拱卫黄麾仗及擎执于殿庭如朝仪，设皇太子御座东偏西向，诸王座以次南、东西向。殿内设以上官座，庑下设四品至九品座，文东武西，重行异位。"《大明会典》记载坤宁宫帝后合卺[2]时的陈设："合卺，是日，内官先于正宫殿内设上座于东，皇后座于西，相向。置酒案于正中稍南，设四金爵两卺于案上。"《大明集礼》中记载应天府大厅藩王来朝时设宴的陈设："前期馆人于正厅设藩王座于厅之西北、东向。设应天府知府座于厅之东南，西向。中设酒案及食案，又设藩国从官及天府从官座位于厅之耳房，宾西，主东，中设酒案及食案。"《明史·礼制》中记载品官相见礼："……洪武三十年，令凡百官以品秩高下分尊卑，品近者则东西对立，卑者西，高者东。其品越三等者，卑者下，尊者上。其越四等者则卑者拜下，尊者坐受。"[3]《史记·项羽本纪》记述的鸿门宴座次——"项王、项伯东向坐，亚父南向坐，沛公北向坐，张良西向侍"，表明室中以东向为尊的位列。上述可以看出，古人对家具的位置在室内空间中的限定非常重视。

图3-29 清代乾清宫陈设（选自朱家溍《明清室内陈设》）

《礼经释例》中载："室中以东向为尊，堂上以南向为尊。"在古代家具陈设方面，"文左

[1] 李宗山. 中国家具史图说 [M]. 武汉：湖北美术出版社，2001：53.
[2] 合卺，旧时婚礼饮交杯酒称合卺。成熟的匏瓜对半剖开称瓢，新婚夫妇各持一瓢饮酒，故亦称合瓢。
[3] 朱家溍. 明清室内陈设 [M]. 北京：紫禁城出版社，2008：13-28.

武右""以东为左、为上""男左女右"的等级观念展露无遗。

中国古代家具的陈设布局充分反映了礼的规范。在家具的位置摆放上形成了强烈的"择中"意识（图3-29）。《荀子·大略》中云："王者必居天下之中，礼也。"在"居中为尊"观念的支配下，中国古代家具的陈设强调中轴对称的布局。如明代衙署大堂的陈设，无论京外各级衙门，大堂之上都是正中屏风下，一张大椅即"正位"，位前一张公案，案上置"山"字形笔架，搁着一支红笔、一支墨笔和一方砚台，显示了公堂的庄重与威严。清代宫殿，外朝三大殿内，正中固定有一组宝座及其附带陈设，其余地面空洞无物，遇朝会、大宴等仪节临时设宝案、诏案、表案、宴桌等等，与明代大致相同。例如《乾清宫现设档》中记载乾清宫明殿陈设："正中设地平一份，地平上设：金漆五屏风，九龙宝座一份。座上设：紫檀木嵌玉如意一柄；红雕漆痰盆一件；玻璃四方容境一面；痒痒挠一把。座下左右设：铜掐丝珐琅甪端一对，附紫檀木香几；铜掐丝珐琅垂恩香筒一对，紫檀木座；铜掐丝珐琅仙鹤一对，

图3-30 苏州狮子林花篮厅
（选自金学智《苏州园林》）

图3-31 东汉墓出土玉屏风（选自胡文彦《中国家具文化》）

图3-32 太和殿贴金罩漆蟠龙宝座和屏风
（选自马未都《马未都说收藏》）

古铜甗四件，紫檀木金漆香几座；铜掐丝珐琅圆火盆一对。"[1]这样择中对称的布局体现了"唯王是尊"的思想，尽显皇家的尊严与气派。

在中国传统民居中，厅堂是居室中最重要的空间。明清时期，厅堂是家居空间的中心。在某种程度上，厅堂代表了家庭的社会地位、权重和脸面。厅堂在家庭结构中占据着精神和行为的统治和中心地位（图3-30）。正如明计成所言："古者之堂，自半已前，虚之为堂。堂者，当也。谓当正向阳之屋，以取堂堂高显之义。"自古以来，中国人向以能居高堂敞屋为荣耀，即所谓"堂之制，宜宏敞精丽"。所以厅堂的家具布置多按对称设置，以突出中轴线，流露庄重的气氛，且多以面南居多，以取尊意。厅堂一般由供案、方桌、靠背扶手椅、屏风、槅扇或悬挂字画的板壁等组成。条案前摆有八仙方桌，方桌两边各有一靠背扶手椅，厅堂左右两边各放置数把椅子和香几，均以主厅堂为中轴线对称布置，体现出规距、严整的风格。

[1] 朱家溍. 明清室内陈设 [M]. 北京：紫禁城出版社，2008：42.

三、家具使用中品类的区别

在古代家具的使用中，根据身份的尊卑贵贱、等级和地位的不同，所使用的家具品类也是有所区别。

《尚书·顾命》云："设黼扆[1]、缀衣。"《书集传》："扆，屏风，画为斧文，置户牖间。"汉王充《论衡·书虚》云："户牖之间曰扆，南面之坐位也。负扆南面乡坐，扆在后也。"[2] 这种扆也就是屏风，屏风的历史可以追溯到周朝，在周朝，黼扆是周天子的象征（图3-31）。

《礼记·曲礼下》："天子当依而立。"郑玄注："依，本又作扆，状如屏风，画为黼文，高八尺。"

《仪礼·觐礼》："天子设斧依于户牖之间。"

《周礼·天官·掌次》："王大旅上帝，则张毡案，设皇邸。"设皇邸就是摆设一面屏风，屏风上饰以如凤凰羽色的染色羽毛。

在《周礼》中有多处斧依使用的记载，都表明斧依的特殊地位，它是周朝天子的专用家具。所以，在中国古代家具中屏风的地位非常高，它是权力的象征。

古代的屏风功能很多，不仅可以分割空间、挡风，还可以用来装饰。西汉时期《盐铁论·散不足篇》中载有："一杯棬用百人之力，一屏风就万人之功。"可见一面屏风的制作要耗费大量的人力和财力。在家具陈设中，屏风常与床榻合用，主人面向门户，坐于屏风前以会客或办公，是一种十分讲究的陈设方式。由于中国传统建筑基本是以面南背北正房为主，故这种陈设更常见于正殿明间（图3-32）。如明代宫廷皇极殿大朝时的陈设："皇极殿九间，中为宝座，座旁列镇器。"这里所谓"中为宝座"是指金漆木质的台座，三面有台阶，周围栏杆，台上设金漆雕龙屏风，屏前设金漆大龙椅，椅左右设香几，几前设角端，香筒。"'地平'下前方设四香几，上设香炉。"这一组概括为"宝座"，这种陈设一直贯穿到清代太和

图3-33　（春秋时期）楚墓出土铜禁
（选自胡文彦《中国家具文化》）

图3-34　《三礼图》中的梲
（选自胡文彦《中国家具文化》）

---

[1] 黼扆也写作黼依、斧依、斧扆，指屏风。

[2] 李宗山. 中国家具史图说 [M]. 武汉：湖北美术出版社，2001：168.

殿。[1]

在周朝的礼仪家具中，禁和椇的地位是比较低的。禁，长方形，形如台案，是承尊之器具（图3-33）；椇，形如木承盘，下面有两杠，无足。椇是陈馔之器具（图3-34）。

《礼记·礼器》中云："有以下为贵者……天子、诸侯之尊废禁，大夫、士椇禁。"

《礼记·玉藻》说："大夫侧尊用椇，士侧尊用禁。"

由此可见禁和椇只是一般的礼器，只有大夫和士使用，天子和诸侯是不用的。

我国古人从一开始就是"席地而坐"的起居方式，早在西周时期，统治阶级便根据席的优劣和装饰特点等规定了严格的"五席"制度，以此来表明不同阶层的等级与身份地位。

"五席"是指缫席[2]、次席（竹席）、莞席[3]、蒲席[4]和熊席（以熊皮或兽皮为席）。丧葬时用苇席（芦席）和萑席[5]。《周礼·司几筵》中明确规定："凡大朝觐、大飨射，凡封国、命诸侯，王位设黼依，依前南乡设莞筵纷纯，加缫席画纯，加次席黼纯，左右玉几。祀先王，昨席，亦如之。诸侯祭祀席，蒲筵绘纯，加莞席纷纯，右雕几。昨席，莞筵纷纯，加缫席画纯，筵国宾于牖前，亦如之；左彤几。甸役，则设熊席，右漆几。凡丧事，设苇席，右素几。其柏席用萑黼纯，诸侯则纷纯。每敦一几。"

席的具体铺设方式是天子之席三重：下为粉边莞席（即筵席），中为绘有黼纹（黑白相间的斧形花纹）花边的次席，上为画边丝席。诸侯之席二重：下为粉边莞席，上为画边丝席。天子款待国宾之席与诸侯用席同。天子甸役时另设有熊席，即以熊皮制作的席。凡遇丧事，天子用苇席（芦席），即以芦苇制作的素席。外铺盖黼边萑席。诸侯所用萑席则为粉边。诸侯以下，所用席重数递减以至不得用"五席"。[6]

席还有单席、连席、对席之分，单席是为尊者所设的，连席是几人共坐之席，《礼记》中这样规定：群居五人，则长者必异席（图3-35—图3-38）。

自从东汉时期，胡床的传入，使中国人使用的家具从矮型家具逐渐向高型家具发展，中国人的起居习惯也随着家具的变化而慢慢改变。从东汉到唐代，是完成中国起居变化的一个漫长过程。宋代则是中国所有家具定型的最后时期。胡床在唐代已有靠背，带靠背的胡床始自唐明皇，可以从唐代《济续庙北海坛祭器杂物铭·碑阴》的记载中得到印证，文中记有"绳床十，注内四椅子"。从这段记载可知在唐代贞元元年（785年）已有了椅子的名称。这里所说的"绳床十，内四椅子"是指在十件绳床中有四件是可以倚靠的椅子，显然是为了与另外六件无靠背绳床相区别。胡床在唐宋时期十分盛行，到了宋代，称胡床者甚少，称交椅者逐渐增多（图3-39、图3-40）。

宋人陶谷在《清异录》中曾记载："胡床施转关以交足，穿绷带以容坐，转缩须臾，重

---

[1] 朱家溍. 明清室内陈设[M]. 北京：紫禁城出版社，2008：11.

[2] 缫席是用蒲草染色编成花纹，或以五彩丝线夹于蒲草中编成五彩花纹的席。

[3] 莞席是用莞草编制而成的一种草席，质地较粗。

[4] 蒲席是一种用蒲草编织的席。

[5] 萑席是指用荻苇类编织的席。

[6] 李宗山. 中国家具史图说[M]. 武汉：湖北美术出版社，2001：51.

图 3-35 密县打虎亭汉墓壁画中的独座席、连席和幄帐（选自胡文彦《中国家具文化》）

图 3-36 汉画像砖中连席
（选自胡文彦《中国家具文化》）

图 3-37 汉画像砖中对席
（选自胡文彦《中国家具文化》）

图 3-38 汉墓石刻画像中的熊席
（选自李宗山《中国家具史图说》）

不数斤。相传明皇行幸频多……欲息无以寄身，遂创意如此，当时称‘逍遥座’。”

文中所说的有创意的逍遥座，应该是指带靠背的胡床。“转缩须臾，重不数斤”是指交椅体轻，可折叠，携带方便。交椅在行军打仗时可以使用，称为“行椅”，是为官最高的人休息的坐具。交椅还在打猎时使用，又称为“猎椅”。明乃至清代，皇室官员和富户人家外出巡游、狩猎都携带交椅。久而久之，交椅就成了权力的象征。明《宣宗行乐图》中就绘有这种交椅挂在马背上，以备临时休息之用。

交椅在室内陈设中等级较高，只有地位较高的人家中才有，大多设在厅堂，供主人和贵客享用，妇女和下人多坐圆凳和马扎。如元刻《事林广记》附图中，主人和客人分坐在交椅上对话，其他人都垂手侍立。内获元宝山元墓壁画所表现的男主人与妇人对坐，男主人端坐交椅之上，而女主人坐的却是圆凳（图3-41）。山西文水北峪口元墓壁画中的夫妇对坐图中男主人坐交椅，两位女主人坐的是带围套的方凳。[1]

在中国古代家具中，有一种俗称“太师椅”的坐具，一般认为太师椅的名称始于南宋，与南宋宰相秦桧有关，当时有一个职位叫太师，虽然是个虚职，但品级很高。宋张端义《贵耳集》说：“今之交椅，古之胡床也，自来只有栲栳样，宰执侍从皆用之。因秦师垣在国忌所，偃仰片时坠巾，京尹吴渊，奉承时相，出意撰制荷叶托首四十柄，载赴国忌所，遣匠者顷刻添上，凡宰执侍从皆有之，遂号‘太师样’。”秦师垣即当时任太师的秦桧。秦桧有一次坐在圈椅上休息，头向后一仰靠，头巾掉了，于是有个叫吴渊的官员把头巾捡起来给秦桧戴上。

[1] 胡德生. 古代的椅和凳 [J]. 故宫博物院院刊, 1996, 73(3)：23-33.

随后让人设计了个荷叶形托首，安在椅背后面。这种椅子就叫"太师样"（图3-42）。太师椅的名称也就从宋代一直沿袭下来。太师椅是由靠背交椅发展而来，其本身并不是一种功能独特的家具，明代的太师椅多指圈椅，到了清代指的是造型厚重，靠背、扶手、椅面互相垂直的雕花扶手椅。后来的人们不再注重太师椅的初始形态，把硬木制作的、贵重的、能显示人的身份的椅子，统称为太师椅（图3-43—图3-45）。

在中国传统的坐具中，宝座的地位非常高（图3-46），它是皇宫中特制的椅子，其造型是床榻与椅子的结合，体量庞大，做工精美华丽。在皇宫、皇家园林和行宫里陈设，为皇帝和后妃们专用的坐具，宝座很少成对出现，一般单独陈设，常放在厅堂的中心位置或其他显要的位置。

图3-39 （北齐）《校书图卷》中的胡床
（选自李宗山《中国家具史图说》）

图3-40 （南北朝时期）胡床
（选自李宗山《中国家具史图说》）

图3-41 （元）宝山元墓壁画《夫妻对坐图》中的交椅、圆凳、足承（选自李宗山《中国家具史图说》）

图3-42 （宋）扶手交椅（选自李宗山《中国家具史图说》）

图3-43 （宋）《春游晚归图》交椅、马杌、挑箱（选自李宗山《中国家具史图说》）

图 3-44（宋）圆搭脑靠背交椅
（选自李宗山《中国家具史图说》）

图 3-45（明）黄花梨圆后背交椅
（选自王世襄《明式家具珍赏》）

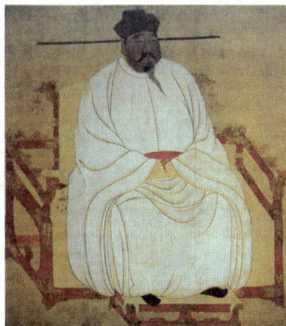

图 3-46《宋太祖赵匡胤像》中的
宝座（选自马未都《马未都说收藏》）

第三节　"中和"之道

《中庸》开篇的一段云："天命之谓性；率性之谓道；修道之谓教。道也者，不可须臾离也；可离，非道也。是故君子戒慎乎其所不睹，恐惧乎其所不闻。莫见乎隐，莫显乎微。故君子慎其独也。喜、怒、哀、乐之未发，谓之中。发而皆中节，谓之和。中也者，天下之大本也。和者也，天下之达道也。致中和，天地位焉，万物育焉。"

上文以人的情感为例来阐述"中"与"和"。当人的喜怒哀乐没有生发的时候谓之中，就是中正不偏；当各种情感发作出来，都合乎节度，叫作和，就是平顺和谐。"中"是天下最大的根本，"和"是天下普遍的准则。能够达道中和的境界，天地就各得其位，万物也就生长和繁荣。

贵和尚中是中国传统思想的一个重要范畴。"中和"思想是由先秦的尚中思想、尚和思想和孔子的中庸思想发展而来的。

一、"中和"思想的阐释

"中和"一词初见于先秦。儒家重要典籍《荀子》《礼记·中庸》《礼记·乐记》《春秋繁露》等都曾言及中和。"中"是不偏不倚、正确之意。《尚书·盘庚》中篇有"各设中于乃心"。这里的"中"被译为"中正"或"正道"。[1]《尚书》中《立政》《吕刑》等篇所出现的"中""中正"等，也多译为准确、得当之意。高亨先生在解说《易传》"刚柔得

[1] 王世舜. 尚书译注 [M]. 成都：四川人民出版社，1982：95.

中"的思想时指出："中则必正，正则必中，中正二名实为一义。《易传》又认为人有正中之道德，而能实践之，则能胜利，故得中为吉利之象。"[1] 前面讲到"中"是正确之意，尚中就是对正确的崇尚与追求。尚中思想在先秦时期运用甚广。

孔子以尚中思想为基点，进而提出了中庸理论。孔子云："中庸之为德也，其至矣乎！民鲜久矣。"[2] 孔子并未言明其意，杨伯峻先生释为"最合理而至当不移"，也就是"允执其中"的"中"，"正确"之意。而"庸"即是用，所谓"庸，用也"。[3]"中庸"就是"用中"，即把握事物的对立两端，并在两端之间选择、运用正确之点。《礼记·中庸》中的"执其两端，用其中于民"，正是对"中庸"的正确阐释。在追求"中"的过程中不仅要有普遍的标准，凡遇到具体情况时，还应有具体的标准。孔子提出过如礼、仁、善、贤、信、智等一系列具体标准，以应对一切事物的不同方面。

《礼记·中庸》中记载："孔子曰：'君子中庸，……君子之中庸也，君子而时中'。"时中精神是孔子所倡导的，"时中"的要义是希望人们在不断发展、变化的时代、环境和各种复杂的关系中去研究和把握"中"。它突出地强调了中因时变、因时用中的思想。"时中"是掌握"中"的历史辩证原则，而"执两用中"的中庸思想成为以《乐记》为代表的中和之美的哲学基础之一。

"和"是一种和谐的最佳状态。它最初源于古人对"五声""五味"和"五色"的感受。春秋时期的州鸠非常推崇"和"的状态，说："夫政象乐，乐从和，和从平。声以和乐，律以平声。金石以动之，丝竹以行之，诗以道之，歌以咏之，匏以宣之，瓦以赞之，草木以节之。物得其常曰乐极，极之所集曰声，声应相保曰和，细大不逾曰平。如是，而铸之金，磨之石，系之丝木，越之匏竹，节之鼓而行之，以遂八风。于是乎气无滞阴，亦无散阳，阴阳序次，风雨时至，嘉生繁祉，人民和利，物备而乐成，上下不罢，故曰乐正……夫有平和之声，则有藩殖之财。于是乎道之以中德，咏之以中音，德音不愆，以合神人，神是以宁，民是以听。"[4] 州鸠又说，在自然界，是"物和则嘉成"，在政事上，是"和平则久，久固则纯，纯明则终，终复则乐，所以成政也"。州鸠将"乐"之"和"的主观审美感受，进一步扩展到社会领域和整个宇宙之"和"。州鸠认为，在音乐、自然界、人类社会等不同系统之间，存在着一种动态的相互对应的和谐关系。

晏婴说："和如羹焉，水火醯醢盐梅以烹鱼肉，燀之以薪。宰夫和之，齐之以味，济其不及，以泄其过。"通过五味在烹调系统里的调和，形成一个和谐的整体。晏婴又云："声亦如味。一气，二体，三类，四物，五声，六律，七音，八风，九歌，以相成也。清浊，大小，短长，疾徐，哀乐，刚柔，迟速，高下，出入，周疏，以相济也。君子听之，以平其心，心平德和。"晏婴认为，事物中各种不同的或对立的要素之间互相融合，相反相济，即能构成一个和

[1] 张国庆. 中和之美——普遍艺术和谐观与特定艺术风格论 [M]. 北京：中央编译出版社，2009：19.
[2] 陈家昌. 论语导读 [M]. 上海：百家出版社，2007：112.
[3] 张国庆. 中和之美——普遍艺术和谐观与特定艺术风格论 [M]. 北京：中央编译出版社，2009：19.
[4] 李泽厚，刘纲纪. 中国美学史（第一卷）[M]. 北京：中国社会科学出版社，1984：90.

谐的有机体。这就是"和"的本质。西周的史伯说："夫和实生物，同则不继。以他平他谓之和，故能丰长而物归之。"[1] 就是综合统一事物的多样性因素，就能推陈出新。"和"是万物昌盛，生生不息的内在根据。

在《周易》中，尚"和"的思想也很突出。《乾卦·彖传》说："乾道变化，各正性命。保合太和，乃利贞。"这里的"太和"就是指宇宙间最大的和谐。要达到和谐，不但要使事物的各种不同的要素在变化运动中互相融合、转化和渗透，正如："刚柔相摩，八卦相荡"，"刚柔相推而生变化"。[2] 还要求事物在发展的动态过程中始终保持着自身的内在本质。

道家也提出过"和"的思想，他们是通过"一"的概念来加以阐释的。老子说："道生一，一生二，二生三，三生万物……万物负阴而抱阳，冲气以为和。"《庄子·天地》说："一之所起，有一而未形。"可见"一"是万事万物的起始，是连接无到有之间的一个重要阶段。《吕氏春秋·大乐》中有："道也者，至精也，不可为形，不可为名，强为之，谓之太一。"《淮南子·原道训》说："所谓一者，无匹合于天下者也……夫无形者，物之大祖也……所谓无形者，一之谓也。"这里的"一"是一个无限的宇宙整体。"一"成为宇宙最初始的状态，成为调和宇宙万物的矛盾差异的内在的、本质的根据。道家注重整个自然界统一与和谐的状态，强调天地万物的和谐，没有明确的目的意义，也没有社会伦理意义。

以孔子为代表的儒家对"和"也有着多方面的深刻见解。孔子说："君子和而不同，小人同而不和。"[3] 这里，孔子沿用史伯、晏婴的观点来阐释君子与小人的区别。君子的"和"是在所见各异的基础上达到的；小人的"同"是在争夺利益之时表现的。《春秋繁露·循天之道》中董仲舒说："和者，天（地）之正也，阴阳之平也，其气最良，物之所生也。诚择其和者，以为大得天地之奉也，……中者，天地之美达理也，圣人之所保守也。"《礼记·礼运》云："圣人耐以天下为一家，以中国为一人者。"儒家所论之"和"，始终不曾离开主体的目的性，尤其是政治目的。他们说的"和"是着眼于对象对于主体而言的，"和"是最佳的状态，但却是对人而言的最佳。儒家认为，道德秩序与法则的根本功用在于能使人己物我达到和谐的状态，孔子把"礼"与"和"互相渗透，使之成为社会、国家、民族和个人之间的共存之道。正所谓"礼之用，和为贵"。儒家文化在长达两千多年的封建社会，逐渐成为中国传统文化的主流文化性格。

上述可见，"中"与"和"既有明显的不同，又有十分相似之处，两者在发展的过程中逐渐结合，最终融合成一个新的思想理论范畴——中和。中和既是一个哲学范畴，又是一个美学范畴。因为它从一开始就常被运用到艺术领域，也常常以艺术理论的形式表现出来。孔子曾提出："质胜文则野，文胜质则史，文质彬彬，然后君子。"[4] 从"中"的角度看，"文质彬彬"是"文胜质"与"质胜文"之间的正确之点；从"和"的角度看，"文质彬彬"

[1] 张国庆. 中和之美——普遍艺术和谐观与特定艺术风格论 [M]. 北京：中央编译出版社，2009：27.
[2] 刘大钧，林忠军. 周易经传白话解 [M]. 上海：上海古籍出版社，2006：277-278.
[3] 陈家昌. 论语导读 [M]. 上海：百家出版社，2007：250.
[4] 陈家昌. 论语导读 [M]. 上海：百家出版社，2007：104.

是文与质的恰当配合，从而达到一种完美的状态。虽然孔子从没使用过"中和"一词，但中和理论至孔子已基本成熟，他提出的"文质彬彬"说是中和思想的典型反映，中和思想不仅成为中国美学史上影响深远的美学原则，也是儒家工艺美学思想的内核。

中和思想是一种普遍的和谐观，它最终成为汉民族的一种较为广泛而稳固的传统审美观念，而这一观念对于中国文学艺术、设计文化、设计艺术等诸领域的影响是全方位的。

二、古代家具设计的中和之美

在中国古代家具设计理念中，特别强调家具"适宜"为美，强调造物时对于度的把握，我们可以把这个度理解为一种设计造物的"标准"。它一方面要符合人们的审美需求、社会伦理规则，另一方面要符合客观的物理规律。《周礼·考工记》载："凡试梓饮器，乡衡而实不尽，梓师罪之。"古人在检验梓人（工匠）制作的酒器是否合格，会将酒器盛满酒，举而饮之，饮酒时，酒器上的两个立柱逐渐顶住眉目之间，此时，所盛之酒应全部饮尽，如尚有余沥，则为制作不合标准，要问罪于该梓人。可见中国古代家具的设计制造对于器物有着严格的标准，它一方面是满足人的使用需求，另一方面则要满足"礼"的规范（图3-47）。中和理论在孔子之后的发展主要表现在"礼"与"和"的进一步渗透。它包含着中国农业文明映射下浓厚的政治和道德伦理观念。《论语·学而》说："礼之用，和为贵。""礼"的本质在于区别尊卑贵贱，而"和"是沟通协调的意思。协调社会中各阶层等级的人们之间的关系并使之达到团结和谐的状态。

"中和"按照现代的解释就是相互对立的事物互相渗透、互相抵消，失去各自的性质。"中和"是中国古代思想史上一个极为重要的范畴，在艺术领域中称为"中和之美"。在中国古代家具设计理念中，"中和之美"可以从三个方面去阐释：其一，古代家具设计制作以

图3-47（商代早期）涡纹斝（选自李宗山《中国家具史图说》）

图3-48（明）黄花梨高扶手南官帽椅（选自王世襄《明式家具珍赏》）

图3-49（明）黄花梨八足圆凳（选自王世襄《明式家具珍赏》）

适宜为美，注重功能与形式的完美结合（图 3-48—图 3-52）；其二，对于不同的材质可以相宜并用，注重天工与人工的融合；其三，强调"违而不犯，和而不同"，设计中能够取长补短，兼容并蓄。"中和之美"可以说是设计的方法。中国传统设计文化在处理人对物的主观感受和客观对象本身的"构成"规律时，强调"中和之美"的整合性思维和文化意识。这种设计意识和文化传统延续千年而不衰，并深深地植入中国设计文化的性格之中。

图 3-50 （明）铁力木圆角柜。（选自王世襄《明式家具珍赏》）

图 3-51 （明）黄花梨石心画桌（选自王世襄《明式家具珍赏》）

图 3-52 （明）黄花梨石心画桌山水纹石桌面（选自王世襄《明式家具珍赏》）

第四节　"天人合一"的追求

一、"天人合一"的哲学思想

"天人合一"是中国传统文化的一个最基本问题，也是中国古代思想史上的一个重要范畴。徐复观先生在《中国艺术精神》一书中指出："在世界古代各文化系统中，没有任何系统的文化，人与自然，曾发生过像中国古代那样的亲和关系。"李约瑟说："古代中国人在整个自然界寻求秩序和谐，并将此视为一切人类关系的理想。……对中国人来说自然并不是某种应该永远被意志和暴力征服的具有敌意和邪恶的东西，而更像是一切生命体中最伟大的物体，应该了解它的统治原理，从而使生物能与它和谐共处。如果你愿意的话，可把它称为有机的自然主义。"[1]

古代中国人非常认同天与人的和同关系。正如马克思所说的，中华民族似乎难以割断人与自然"共同体的脐带"。中国所处的地理环境，土地肥沃、物产丰富、气候温润，人们生来对天地自然有一种亲近感。中国的自然环境属于半封闭的大河大陆型，非常适合农业的

---

[1] 李约瑟. 李约瑟文集 [M]. 沈阳：辽宁科学技术出版社，1986：338-339.

发展。宗白华先生在《艺术与中国社会》中说道："因为中国人由农业进于文明，对于大自然……是父子亲和的关系，没有奴役自然的态度。""天人合一"的观念反映了中国古代农业文明尊崇自然、热爱自然、主张人与自然相依共生的文化心理。

"天"，在中国古代不同时期有不同的理解。在社会生产力极其低下的古代，各种自然现象使人们体会到其巨大无比的威力，天在人们的观念中成为一种神圣化的存在。到了东周末期，天不仅指至上神，也开始指自然界。在中国人的宗教观念中，认为上天主宰着一切，上天的旨意不仅见诸各种自然天象，也见诸各种自然物。这些种种的变化，理所应当代表着上天的意志。这里，一切的自然物与天联系了起来。

明代朱熹把"天"理解为"苍苍者"（自然之天）、"主宰者"（神灵之天）、"理"（义理之天，即宇宙精神）。哲学家冯友兰在《中国哲学史》中谈到，在中国人的心目中，天有五种意义：是物质之天，是与地相对而言；是主宰之天，即所谓的皇天上帝，有人格的天、帝；是运命之天，指人生中所无可奈何者，即孟子所谓的"若夫成功则天也"之"天"；是自然之天，是指自然的运行；是义理之天，即宇宙的最高原理。

天人合一的思想对中国文化的影响是深远的，中国传统哲学是天人合一的哲学。这一思想早在先秦时期就已产生。在各种典籍中，我们可以看到先哲们从不同角度对其进行的论述。《论语·泰伯》云："大哉！尧之为君也！巍巍乎！唯天为大，唯尧则之。荡荡乎！民无能名焉。巍巍乎其有成功也。焕乎其有文章。"其认为人应该效法天，成就伟大的事业。《礼记·中庸》云："（人）可以与天地参。"《周易·乾卦》："夫大人者，与天地合其德……与四时合其序……先天而天弗违，后天而奉天时。"《老子》云："道大，天大，地大，人亦大……人法地，地法天，天法道，道法自然。"《庄子·齐物论》云："天地与我并生，而万物与我为一。"《管子·七法》云："根天地之气，寒暑之和，水土之性，人民鸟兽草木之生，物虽不甚多，皆均有焉，而未尝变也，谓之则。"《五灯会元》卷十二载有："天地与我同根，万物与我一体。"这种以禅性参悟天地，正体现了佛家本乎于心的"天人合一"观。以上的论述都有其针对性，但都表达出了"天人合一"的理念。

纵观中国古代文化的发展历程，虽然说在历史上出现过许多曾经占据古代中国社会主导思想的思潮，如先秦诸子学说、两汉经学、魏晋玄学、隋唐佛学、宋明理学以及清代朴学等等，但是中国文化的理论精髓却在于儒、道、佛。以禅宗为主要代表的佛教追求"天人合一"的理想。他们认为佛教与代表世俗社会的人间的此岸世界的距离是很近的，他们主张"我佛一体"，即通过人自身的修行努力来实现成佛，也就是合于"天"的最高理想。儒家和道家作为中国本土的主流文化，对于中国传统文化整体的影响是十分巨大和深远的。儒家和道家"天人合一"观念的形成，既得力于对古人"天人合一"原初意识的承袭，也是儒道两派对这种原初意识的改变与发展。以孔子为代表的儒家主张入世哲学。儒家追求"天人合一"，其归宿是"人"（社会），强调"天"合于"人"。在儒家看来，"天"并非无足轻重，但不会因为推崇"天"而否定人的力量。儒家的全部学说是人学，是人格之学，它所反复论证的，是做人的标准以及如何做人，具有浓重的政治伦理色彩。它所倡言的"天人合一"的美学，是"天则"向道德化的"人事"的"合一"。[1]道家主张超世脱俗、返璞归真，主张通过"清净无为"来实现"人"合于"天"的"天人合一"的理想。老子倡言"道"，以道为宇宙的根本，所谓"道生一，一生二，二生三，三生万物"，以道作为宇宙万物生生不息的运动规律。《庄子》称，"天地有大美而不言"，这里的"大美"即是道，它在自然宇宙中，也在现实的人间，归根结底是自然本身。如要体悟这"道"之境界、"大美"之境界，人的行为就应该契合于天则，逍遥于自然。在老庄看来，返璞归真是人生的最高境界，也是审美文化的最高境界。因"无为"而"无不为"，是"天人合一"。道家重天道而儒家重人道。

李泽厚、刘纲纪先生对"天人合一"思想产生的文化历程，提出过颇有见地的阐释："'天人合一'或'天人相通'的思想在中国起源很早，……孔孟也曾涉及天人关系问题，特别是孟子所谓'君子''能上下与天地同流'等说法，就包含有天人合一的思想，而为后来的《中庸》进一步加以发展。……这一类的思想，近几十年在我们关于古代思想的研究中，一般都是被当作唯心主义、神秘主义来加以批判的。不错，这一类思想的确常常含有唯心神秘的东西，但另一方面，它强调人与自然的统一性，认为人与自然不应该相互隔绝、相互敌对，而是能够并且应该彼此相互渗透，和谐统一的……我们认为，坚信人与自然的统一的必要性和可能性，乃是中华民族的思想的优秀的传统，并且是同中华民族的审美意识不可分离的……在距董仲舒的时代有两千年的今天，我们认为已不必多花笔墨去嘲笑其言论的错误和荒谬。值得注意的反倒是董仲舒认为人的情感变化同自然现象的变化之间有一种对应关系，存在着某种'以类合之'的思想……几千年来'天人合一''天人感应''天人相通'，实际上是中国历代艺术家所遵循的一个根本原则，尽管他们不一定像董仲舒那样唯心地理解这一原则。"[2]

二、古代家具设计中的"天人合一"观

崇尚天人合一是中国传统文化的重要内核，而天人合一又可以说是中国传统造物文化的精神内核。无论是绘画、建筑、园林、雕塑，还是家具，人们的造物活动中都会映射出"天人合一"的观念。对"自然"的认识与态度成就了几千年来中国人所特有的审美观和造物观。《周易·系辞下》载有："古者包牺氏之王天下也，仰则观象于天，俯则观法于地，观鸟兽之文，与地之宜，近取诸身，远取诸物，于是始作八卦，以通神明之德，以类万物之情。"这段话是对人类早期设计造物方式的描述，其中观物取象的观照法，既包含人们对外界物象的直接观察、模仿和感受，也包含了人们对自然事物的提炼、概括、创造和总结，是对自然存在事物的美的认识。在对自然的崇拜、效法、模仿过程中，形成了中国人设计造物行为中

[1] 朱立元. 天人合一——中国审美文化之魂 [M]. 上海：上海文艺出版社，1998：15.
[2] 李泽厚，刘纲纪. 中国美学史 [M]. 合肥：安徽文艺出版社，1999：459-460.

所特有的自然观即亲和自然，强调与自然同生共化、同源同体，坚持按自然的本来面目来营造生活，人们的设计造物活动要融于自然；强调美从自然来，赞赏自然美，主张从自然中获取灵感，以"自然"为审美的最高境界（图3-53、图3-54）。由于"天人合一"思想的影

图 3-53 （明）黄花梨大灯挂椅（选自王世襄《明式家具珍赏》）

图 3-54 （明）紫檀有束腰鼓腿彭牙方凳（选自王世襄《明式家具珍赏》）

响，造就了具有中国传统特色的设计造物文化。对比西方的传统设计文化，不难发现，人与自然的关系是偏于对立的。西方的设计文化处处表现出人对自然的占有和征服，将自然作为改造和无限索取的对象。这也使西方以"自然"为对象的科学能够有效而顺利地发展。由于中国人主张人与自然亲和关系，不强调征服自然与改造自然，使中国从清末开始科学技术逐渐落后于西方。这可以说是"天人合一"思想较为消极的一面。

"天人合一"的思想孕育了人、自然、社会基本关系的认识体系，深刻地影响了中国传统文化的各个领域，也深深地根植于中国古代家具设计造物的方方面面。中国古代家具是国人探索自身与自然关系的造物内容之一。古代家具设计文化的性格，就在中国人与自然的一种亲和关系中得以培养和塑造。中国古代家具历经几千年的发展，形成了与西方截然不同的东方家具文化体系。古代家具表现出了国人强烈的尚木情结和独特的象法宇宙的设计文化意识。

中国古代家具无论在形制、用材、结构、色彩和细部处理等诸方面都与传统建筑一脉相承，中国传统建筑是以木材为基本构架的建筑体系，建筑与家具相表里，中国古代家具也以木材为主，一方面是木材具有良好的物理性能，易于取用，易于加工，美感深沉含蓄，给人更多的人情味和亲切感；另一方面是基于中国人天人合一的宇宙观。木材从自然中来，能与自然构成和谐的整体，木材色泽或深或浅，纹理或显或隐，有点纹、直纹、水纹、螺旋纹，有根有结，即使是同种同株，也会因树形、部位以及切割的方式不同而有所差异，变化丰富，符合国人追求"天人合一"的审美意境。家具不髹漆，以显现木材本身的质感和自然美，这体现了东方传统的美学观念：无饰——取天然为自然之美（图3-55、图3-56）。髹漆，可以饰不夺天然，为文质彬彬的和谐美。古代家具的装饰以自然形态的花鸟、动物、山水为图案，千方百计将自然引入人工造物。图案必求完整、和谐、圆满，不取冲撞、残缺、突兀，曲线生生不息，从中可见中国人拥抱自然、亲和自然的设计艺术法则。一些远古流传的纹样，

正是中国人天地意识的图像化。如中国人惯用龙、凤图案，固然因为它们是远古的图腾，更因为龙那游走的躯体、凤那变化的体形线所具备的丰富曲线和优美旋律，与自然契合，具备生生不息的生命感；可伸可缩、可繁可简的形体，又使它适合任何形状的装饰空间。从与环境融合出发而不是从功能出发的图案设计，正基于中国人天人合一的自然观。[1]

古代家具设计时，一方面要充分挖掘材料本身之特性，将自然的"材美"运用得淋漓尽致，正所谓"尽物性"；另一方面，要求从人自身需求的角度去设计家具，寻求工艺之美和致用的功能，使之"尽人性"。物性与人性相悦而解，相得益彰，使古代家具达到一个理想的境界。设计制作时，工匠们因材取形，因材致用，无论家具是精致典雅还是简洁大方，都是材料质感的真实反映与工匠们意匠的真实写照，是"尽物性"与"尽人性"

图3-55 （明）核桃木六方几（选自王世襄《明式家具珍赏》）

图3-56 画中陈设（选自朱家溍《明清室内陈设》）

图3-57 （清）黄花梨交杌折叠情况（选自王世襄《明式家具珍赏》）

图3-58 （明）髹漆方供桌（选自王世襄《明式家具珍赏》）

图3-59 （清）紫檀雕西番莲纹方案（选自王世襄《明式家具珍赏》）

相结合的产物。例如明式家具多采用黄花梨、紫檀等硬质木料，木材坚硬致密，富有自然质感，色泽沉古，木纹瑰丽华美，这些自然的"物性"加上能工巧匠的独具"匠心"，使家具

[1] 张燕. 论中国造物艺术中的天人合一哲学观 [J]. 文艺研究，2003，148(6)：114-120.

充分体现一种"自然天成,天作人合"的境界(图3-57—图3-59)。

在天人合一观念的影响下,中国古代家具设计趋向于"以和为美"的审美取向,这种"和美"体现在天工与意匠之合上,体现在家具这一"物"与"人"的合

图3-60 (明) 黄花梨圈椅
(选自王世襄《明式家具珍赏》)

图3-61 (明) 黄花梨透雕靠背圈椅
(选自王世襄《明式家具珍赏》)

二为一上,提倡设计以人为本,还反映在古代家具的造型与装饰上。以明式家具中的圈椅为例(图3-60—图3-62),四腿支撑下的长方形座面与轭状优美曲线的椅圈,是整体造型的主调,椅圈的圆弧半径与端部弯头半径的比例正好是2:1,靠背及联邦棍的大曲率线形与椅圈相呼应,椅腿的直线与椅圈的曲线相互对比。椅座面的矩形也正好符合黄金分割比。从正面看,椅腿向外倾斜,下端的宽度与椅的座面相等,椅腿内侧呈梯形空间,当座面的中心点与椅腿的底端两点相连时,恰好构成具有稳定感的等边三角形。以靠背板上的雕饰团花为中心,对称造型,把靠背两旁的立牙头、椅腿上端的角花牙,以及左右后面的牙板统一起来,使家具的外观取得了美的和谐效果。设计特别强调整体的造型比例关系以及局部与整体的比例关系,强调按照一定的美学比例进行分割,通过对比与统一的关系处理,体现一种特有的和谐之美。明式家具与承接面协调过渡自然,不显得突兀,如桌椅凳的腿足呈内、外翻马蹄,三弯腿或带托泥,使家具能形成整体而和谐的美感。家具的结构构件如牙子、枨、卡子花、矮老、托泥等,它们不仅可以起到美化装饰的作用,还增强了家具结构上的支撑力度。这些部件是家具结构中不可或缺的部分,但又被巧妙装饰,融于整个家具中,与家具形成有机统一的整体。这些结构装饰部件打破了家具造型的呆板,使家具的空间分割富于变化,使气浑融周转于家具部件之间,让人看不出各部件是分离的,而浑融为天衣无缝的"一"。家具的边缘如大边和抹头、冰盘沿等,方角必转换为圆角或线脚,以减少强烈的冲撞感和冷酷的功能感。"天人合一"的造物观使中国古代家具崇尚自然、师法自然,追求和谐统一的美感,追求人、家具以及室内外环境的协调(图3-63—图3-67)。

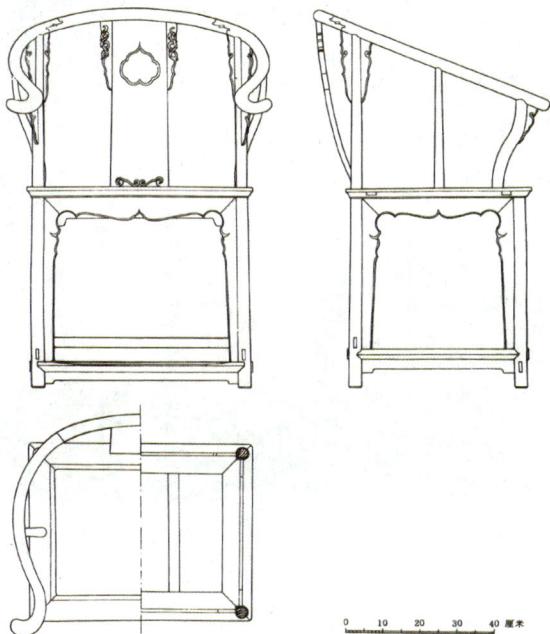

图 3-62 （明）圈椅实测图
（选自王世襄《明式家具研究》）

图 3-63（明）黄花梨有束腰三弯腿霸王枨方凳（选
自王世襄《明式家具珍赏》）

图 3-64（明）黄花梨有束腰鼓腿彭牙炕桌（选
自王世襄《明式家具珍赏》）

图 3-65 （明）明黄花梨有束腰鼓腿彭牙大方凳
（选自王世襄《明式家具珍赏》）

图 3-66 （明）黄花梨有束腰十字枨长凳
（选自王世襄《明式家具珍赏》）

图 3-67 苏州万卷堂（选自金学智《苏州园林》）

第四章

古代家具设计的生态伦理内涵

第一节　人与自然的哲思玄想

人与自然的和谐共生思想是中国古代生态伦理文明的基本特征之一。这一思想建立在中国古代哲学关于人类与天地万物同源、生命本质统一、人类与自己生存环境一体的直觉意识的基础之上。在思考人与自然的关系问题上，中国古代哲人认为人是自然的产物，为自然所养，因此人不能脱离自然而存在，中国人往往将自然看作是自己的归属和故乡。但人又是与自然并存的独立的主体，人应当而且能够通过"效法"自然，像自然一样永恒、伟大，和天地并立。这就是儒家所谓"赞天地之化育"，道家所谓"与天地并生，与万物为一""得天地之大美"。中国人既不因为人的生存不能脱离自然而认为人是完全由自然所决定的；也不因为人区别和独立于自然，优于其他自然物，而认为人可以脱离或凌驾于自然之上。这就是中华人文精神在解决人与自然的关系问题上的重大优越性所在。[1]

中国古代生态伦理将人类看作与万事万物相互依存的整体。人与天地万物构成了一个大的网络系统，正所谓"天网恢恢，疏而不失"。[2] 各种生命交织成一张"天网"，无论是人类、鸟兽鱼虫、花草树木这些生物体，还是山川、河流、土壤、空气这些生命存在的环境，都是这个网络系统的有机组成部分。要使这个网络系统运行顺畅，必须使自然的生态秩序与人类的社会秩序相互兼顾、互相协调。自然秩序和社会秩序的协调即是天道与人道的统一，对人类社会的行为规范与对自然物的行为规范的统一，是中国古代哲人共同遵循的基本原则，也就是上一章所谈到的"天人合一"思想。中国古代的"天人合一"观念，乃是包括儒道文化在内，并以其为基干的中国传统文化的根本精神与最高境界。[3] 在这一思想的影响下，中国传统设计文化也强调设计造物活动要遵循自然的客观规律，亲和自然，师法自然。

一、自然生态因素在家具设计中的艺术体现

自然与人类是一种既对立又统一的关系，自然是人类社会实践的对象，人的造物活动离不开特定自然环境的影响和制约。古代家具设计制造无论从取材、髹漆、纹样装饰等各方面都与自然生态环境有着千丝万缕的联系。

（一）木材在古代家具设计中的艺术体现

古代家具造物取材广泛，各种自然材料如竹木藤柳、草棉漆革、丝土玉石、陶瓷金铁等

---

[1] 刘纲纪. 传统文化、哲学与美学（新版）[M]. 武汉：武汉大学出版社，2006：12.

[2] 王德昌. 白话中国古典精粹文库 [M]. 沈阳：春风文艺出版社，1992：130.

[3] 刘湘溶. 生态伦理学 [M]. 长沙：湖南师范大学出版社，1992：6-7.

被广泛地利用，其中竹木材料应用最广。

图 4-1 黄花梨　　图 4-2 鸡翅木　　图 4-3 乌木　　图 4-4 酸枝木　　图 4-5 紫檀

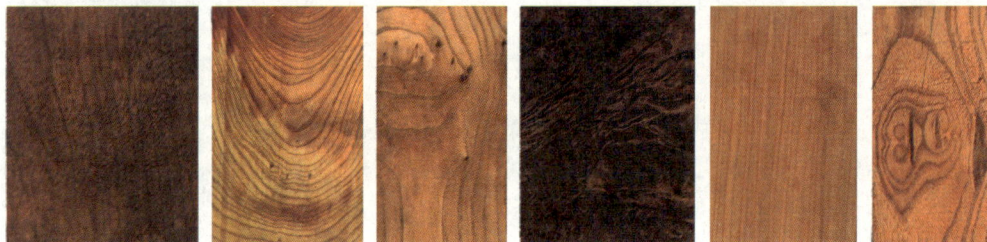

图 4-6 铁力木　　图 4-7 楠木　　图 4-8 榆木　　图 4-9 瘿木　　图 4-10 柏木　　图 4-11 榉木

（以上图片选自徐永吉《家具材料》）

中华民族自古以农为本，受其影响，中国古人素来讲究应天之时运，地之气养，主张人与自然的相依共生。这种"天人合一"的文化精神，对设计造物观造成了重要的影响，天时与地气作为造物原则，体现了造物主体在物材选择上的倾向性。中国幅员辽阔，自然资源优越，木材品种丰富，各地的木材由于当地水土、地气所造就的木质，其密度、韧性、色泽各不相同，用于造物的目的也因之相异。中国古代家具用木材主要分硬木和软木两大类（图4-1—图 4-11）。硬木主要包括紫檀、黄花梨、鸡翅木、铁力木、乌木、酸枝木等等，软木俗称"柴木"，主要包括楠木、榉木、榆木、樟木、柏木、核桃木、杉木等等。硬木材料大多不是出产于中国，基本都是从国外进口的，明清时期作为宫廷及达官显贵所用家具材料之首选。软木则使用非常广泛，基本上都是就地取材，北方使用核桃木、榆木居多，南方使用榉木、樟木、银杏居多。

我们从家具名称"桌、椅、橱、柜、箱（图 4-12）、案（图 4-13）"等汉字可以看出木材在家具中的应用十分广泛。木材之美，取之自然，用于自然。中国人尚木，有文化因素的重要影响，这一影响是木材特有的物理性质所奠定的基础，并渐渐形成一种独特的文化审美观。

木材是与人类最接近、最富有人情味的材料。变幻的木材花纹具有生活的气息。木材的花纹主要是由年轮构成的。宽窄不一的年轮记载了自然环境、气候变异及树木的生长史。木材上所呈现的复杂木纹，是树木与大自然对话的感受记录。这种花纹是易被人的感觉接受的，年轮间隔波动的谱线，常与生物体固有波动相吻合。不同切面能得出风格各异的花纹，径切面为平行条状，弦切面为抛物线状，给

图4-12（明）黄花梨官皮箱
（选自王世襄《明式家具珍赏》）

图4-13（清）榉木罗锅枨加卡子花平头案（选自王世襄《明式家具珍赏》）

人以流畅、轻松、协调和高雅的感觉。年轮内早晚材浓淡色差的自然变化进一步加深了感觉的印象。[1]

木材由于构造不同，质地也不尽相同，有针叶、阔叶之别。针叶材材质软、纹理精致，拥有丝绸般的光泽和绢画般的静态美；阔叶材材质较硬，木纹变化丰富，具有油画般的动态美。如紫檀质地细腻光滑，颜色呈紫黑色，木纹多呈悦目的绞丝状花纹，俗称"蟹爪纹"，表面经打磨抛光后具有绸缎一般的质感、金属一般的光泽，细看可见秀美多变的纹理，近之可闻缕缕清香。黄花梨色泽橙黄而有闪光，纹理非常漂亮，如行云流水一般流畅，赋予家具以简洁明快、线条流畅的艺术品性和审美感觉，从而给以花梨木为代表的明式家具注入了淳厚的文人气质；鸡翅木纹理如鸟羽一样，并不特别明显，比较内敛，与紫檀的深沉和花梨的鲜美相比，有一种不拘一格的艺术韵味。瘿木是一种装饰"美材"，有一种独特的扭曲的花纹，这种花纹由于树种的不同而各异，文人赋予了它很多好听的名字，有的像葡萄一样，称为葡萄瘿；有的像龟背，称为龟背瘿；有的纹理细碎，叫作胡椒瘿。这些名字都很形象。在制作选料时，瘿木总是被放在家具最佳的视觉部位，例如椅子的靠背、桌案的面心、橱柜的门板，　格外隽永耐看，以提高家具艺术性和欣赏价值。古代家具在制作时，总是把纹理优美的美材用于显著部位，不假人力而自然成纹。有时还用两种不同纹理、色泽的木材进行对比设计，显示了自然造物的神妙。

木材的色彩富于变化，或深或浅，或红或紫，或白或黑。如洁白如雪的云杉，漆黑如墨色的乌木，沉穆雍容的紫檀（图4-14），色泽温润的黄花梨。木材的色相基本都属于暖色系，以暖色为基调的家具能使人精神愉快，能调节让人精神紧张的气氛，给人以温暖和舒适的感觉。紫檀、黄花梨、酸枝木等硬木类木材，色相中红色较重，给人

图4-14（明）紫檀扇面形南官帽椅侧面（选自王世襄《明式家具珍赏》）

[1] 徐永吉. 家具材料 [M]. 北京：中国轻工业出版社，2000：1-2.

华丽、高贵的印象，而因其明度较低，又会显得深沉含蓄。明度高的木材能给人明亮、整洁的印象。彩度高的木材给人艳丽之感，彩度低的木材则显得素淡而古朴。木材能使光线散射，缓和了闪耀，减少了眼睛的疲劳和损伤，纹理在规则中有不规则的波动，早晚材的颜色明暗反差变化协调，能形成良好的视感。这些都是木材的自然特性所带来的审美感受。

"木以温柔为体，曲直为性；木生火者，木性温暖，火伏其中，钻灼而出，故木生火。"之所以水生木、木生火，是因为木性温而坚专，曲直有度。《内经》中记载："木运平气的知别在于，木的特性是周通流行，阴气舒畅，阳气散布，五行的气化也从而显得畅通平和、整合的气理端正，理顺随，其变化是或曲或直，其生化能使万物兴旺，其属类是草木，其功能是发散，其征兆是温和……"这固然有木材不畏寒热、轻巧柔韧、易得易做之类的原因，但"木性"对人的适应与对人的精神契和才是人们追求"木道"的主要原因。[1]

木材种种的优良特性使其成为家具设计制作的永恒主体材料，难以被其他材料所取代。而竹材是仅次于木材的又一家具用材。中国是竹的故乡，竹资源丰富，分布广泛，茂密的竹林随处可见。中国也是最早开发利用竹类资源的国家之一。竹在中华民族祖先的实践过程中与自然一样，被逐渐地"人化"，进入人们的生活中，被加工制造成各种生产工具和生活用具。远古至今对竹的开发利用过程就是竹的"人化"历程。

（二）竹材在古代家具设计中的艺术体现

图 4-15（元）李衎《双勾竹图》
（选自薛永年，罗世平《中国美术简史》）

中国的竹制家具最早可以追溯到新石器时期，当时的先民们铺竹席于地上，供人们吃饭和休憩之用。据有关史料记载，早在唐宋时我国已有竹家具，从唐宋时代的一些佛教画像中可以看到四出头官帽椅、脚凳和禅椅等竹家具。到了明清时期，竹家具也非常流行。竹家具的种类繁多，有竹床、竹榻、竹几、竹椅、竹凳、竹案、竹桌、竹筒、竹箧（箱）、竹屏风、竹帘等。在传统竹家具中，竹材主要以整材、篾材和片材等形式出现，竹制家具最大限度地保留了材料天然的装饰效果，即竹子原有的天然纹路和竹节的特殊节棱结构，带给人一种返璞归真、自然雅致的感觉。古代家具用竹作为材料，一方面是因为竹材硬度强，密度高，散热性能好，耐腐蚀，不容易磨损，不易变形。由于竹子的天然特性，其吸湿、吸热性能高于木材。炎热的夏季坐在竹制家具上面，清凉吸汗。而且竹子生长周期短，取材方便。另一方面是竹渗透到中国人生活的方方面面，已成为最契合传统人格思想、最能表现传统人格观念的一种自然之物，"竹"已在传统文化中被"人文化"和"伦

---

[1] 刘杰成，李卓. 论中华造物观中的"木道"[J]. 家具与室内装饰，2004，67（9）：70-72.

理化"。

竹，挺拔直上、直而有节、难折而柔顺、凌云壮志、凛然风节、常青不凋（图4-15）。竹又萧疏淡雅，呈自然之态和自然之色。这些植物的自然特征成为坚贞不屈、讲求气节、刚强而有恒心、清静平和等人格品质和生活情趣的象征与代表。竹的这些自然特性与中国传统的人格理想"异质"而"同构"。在"天人合一"观念和比德思维的作用下，竹在中华文化中被人格化，成为象征中华民族的人格评价、人格理想、人格目标和伦理追求的一种重要的符号。中国历代文人食竹、用竹、画竹、咏竹，以竹赠友、以竹言志。竹坚韧难折，历经严寒而不凋零，被誉为"岁寒三友"之一，象征着执着追求的坚定品格。竹是四君子之一（梅、兰、竹、菊），它象征着"君子"的品格，体现着"君子"的"浩然之气"。竹作为自然的代表、高洁的象征，是诗人们咏颂的对象。宋代著名诗人苏轼曾说："可使食无肉，不可使居无竹，无肉令人瘦，无竹令人俗，人瘦尚可肥，俗士不可医"。这显示出竹与中华民族之间深切而紧密的文化关系及竹文化的伦理特性。士大夫们喜爱竹及竹制品，是因为它们寄寓了超越使用价值和经济价值的伦理价值和审美价值。

图4-16 （清）竹黄书卷几式文具盒
（选自朱家溍《明清室内陈设》）

图4-17 （清）竹丝格
（选自朱家溍《明清室内陈设》）

在中华民族的思维中，竹和竹制器物（图4-16、图4-17）与人及其个性品质之间不是互相隔绝的，而是彼此相通的，它们有着类似的属性，有着因果联系，可以由竹知人，由人推竹。于是竹不仅不是外在于人的自然之物，而且是人们纵情遁迹之所，佐助风雅之物，并且成为敬崇对象、寄情寓志的符号。"天人合一"的类比思维把竹与人这本属自然与社会两个域界的事实勾连起来，赋予竹以人的文化意蕴，而人的情感、观念、人格、价值、理想等又在竹中得以喻示与显现。[1]

中国传统竹文化赋予竹材以清高、凛冽、淡泊的气质，竹家具在一定程度上保留甚至强化了竹子原有的造型，引发出相应的形式美感，产生了清新自然的意向和高雅的情趣。

中国古代家具用材除了竹木之外，还有陶土、金属和石材，陶制家具和金属家具在汉代

[1] 何明，廖国强. 中国竹文化 [M]. 北京：人民出版社，2007：363-364.

之前比较盛行，之后逐渐被木制家具代替。石制家具由于材料特性所限，并没有大量运用，一般用作室外家具的制作。古代家具还会运用大理石、玉石、陶瓷、贝壳、金属、珐琅等材料进行装饰，在实用的基础上更增添审美的愉悦。

（三）漆在古代家具设计中的艺术体现

自然生态因素在家具造物中的又一体现是漆的运用。我国是最早发现和使用天然漆的国家。1973年，在浙江余姚河姆渡遗址中发现了一件距今大约7000年的朱漆木碗，是中国迄今所知年代最早的漆器。它的出土，足以证明中国是全世界漆艺术的发源地。

图4-18 （清）紫檀百宝嵌提盒
（选自陆志荣《清代家具》）

图4-19 （清）雕漆屏风宝座陈设
（选自朱家溍《明清室内陈设》）

漆，系漆树上分泌的一种汁液。漆俗称生漆，其主要成分是漆酚，这种物质一旦干涸后，非常坚固，它具有防潮、防腐、耐酸、耐热等许多优点。它还具有美丽的光泽与颜色，将其髹涂于器表，能起到美化与装饰的作用。所以，即使在今天，漆仍是一种重要涂料。

河姆渡朱漆木碗的出土，说明漆在家具上的应用非常之早。在唐宋"素髹漆器"诞生之前，中国漆器以两种颜色为主：黑色与红色。[1]我国历代匠师们是很注重自然美、装饰美的追求，所以，在素髹漆的基础上，又推出了诸如彩绘、雕填、骨石镶嵌（图4-18）、雕漆（图4-19）以及金银平脱等各种工艺，为漆之世界增色不少。

春秋战国时期，由于青铜礼器日益衰落，漆器凭借其轻巧耐用、色泽鲜艳、易于装饰的特点而逐渐兴盛起来，形成了以楚国为中心的漆器生产中心。髹漆（刷漆为髹）工艺中不仅已使用漆灰（腻子），还出现了油料彩画等工艺。色彩以黑、红为主色，还出现了黄、白、绿和中间色，如肉红、橘红、暗红、翠绿、银灰以及金银等亮色（图4-20—图4-23）。商、周、战国、秦、汉时期，彩绘、针刻、镶嵌、戗金、嵌螺钿、贴金银箔等髹漆工艺形成，漆器胎骨主要有木胎、竹胎、夹纻胎，一般器物色彩是朱墨相间，并在漆地上用红、赭、灰、绿和灰黑色等色漆绘花纹，漆器制造逐渐进入持续繁盛的时期；魏晋南北朝，瓷器大量使用，被用来制作各种日用器具和随葬器，漆器的重要性有所下降，但漆器制作技术仍稳步

---

[1] 何豪亮. 中华髹漆学[M]. 北京：人民美术出版社，1985：102-105.

发展。犀皮[1]、戗金工艺[2]的出现，证明了髹漆工艺登上了新的高峰；唐、宋时期，雕漆工艺[3]以及由楚、汉的银扣和金铜扣发展而成的金银平脱技法则异军突起，达到了历史的顶峰。唐时，漆色以黑色和紫色为最多，胎骨以木和铜为主；宋时漆色以红、黑、褐为主，胎以木、麻、铜、锡、鍮（黄铜）为常见；元、明、清时代，不同髹饰品种的变化结合，使中国古代髹漆家具呈现出千文万华的繁荣局面。其中雕漆和螺钿技术更是集各代之大成而至巅峰之时。如"百宝嵌"工艺，通常以金、银、宝石、珍珠、水晶、玛瑙、青金、绿松、碧玉、翡翠、玳瑁、象牙、琥珀、砗磲、青金、珊瑚、蜜蜡和沉香等为之。制作时，细心择取各种材料，粗雕细磨成各式山水、人物、树木、楼台、花卉、翎

图 4-20 湖南长沙马王堆汉墓出土的漆案
（选自胡文彦《中国家具文化》）

图 4-21 长沙马王堆 1 号汉墓彩漆凭几（选自胡文彦《中国家具文化》）

图 4-23 （战国）曾侯乙墓出土的彩绘漆案（选自胡文彦《中国家具文化》）

图 4-22 （楚）彩绘鸳鸯豆（选自皮道坚《楚艺术史》）

毛，然后将其嵌入漆器上，家具呈现出富丽堂皇的装饰美。精美实用的漆器为历代统治阶层所推崇，这在客观上不断促进了漆器装饰工艺材料的运用以及技法创新。

（四）自然生物形象在古代家具设计中的艺术体现

中国古代家具的装饰纹样，无论是动植物纹样、自然景象的纹样、几何纹样、人物纹样还是吉祥纹样，都是人类对于自然的观物取象和模仿创造。这些龙、凤、螭、喜鹊、蝙蝠、

---

[1] 犀皮又写作西皮、犀毗，指在平面漆器上做出与马鞯相似的花纹，即先在漆面上做出高低不平的地子，再上各种色漆多层，最后磨平。

[2] 戗金工艺一般先在朱或黑色漆地上用针或刀尖刻划出纤细的花纹，然后在刻划纹内打上"金脚漆"，再将金箔粘贴于上而成为金色的花纹。

[3] 雕又称剔，如雕红漆，称为剔红。雕漆工艺是在堆髹和锥髹的工艺基础上发展起来的。根据漆层厚薄、色彩、刀法的不同，分为剔红、剔黄、剔黑、剔绿、剔彩、剔犀等。不同的雕漆技法，使漆器形成不同风格的装饰效果。

鱼、鹿、石榴、葫芦、牡丹、桃、灵芝、云纹、方胜、盘长、山水人物等纹样，除了具有装饰意义、吉祥的寓意，还具有图腾崇拜的意义、象征的意义。如楚式家具中的凤鸟纹。楚人崇凤，把它看作是楚民族祖先的化身，它是楚人心目中的神鸟，是至真、至善、至美的神灵，是吉祥美好和力量与正义的象征符号（图4-24）。凤纹随处可见，它们雄奇、矫健、华丽、轻盈、飘逸，而且变幻莫测。楚人处理凤纹时，或写实，或抽象，或夸张，或变形，或象征。这些具有图腾崇拜和象征意味的纹饰反映了楚人对生命的理解和对神秘大自然的认识。

图 4-24 楚式家具中的龙纹与凤纹
（选自陈振裕《中国古代漆器造型纹饰》）

很多家具纹饰在实际运用中都达到了"图必有意，意必吉祥"的程度。这些图饰运用谐音、比喻、符号等象征性的艺术手法，反映出各地的民间习俗和人们对美好生活的向往。按照中国传统祥瑞观念延续下来的吉祥图饰，是中国古人审美情趣和思维模式的反映，是传统设计文化中的现实主义与超现实主义的融合。古代家具上的纹饰说明了人与自然生态之间的关系。无论是万物有灵论还是图腾崇拜论，人类对于自然生态的崇拜与信仰，不仅由来已久，而且广泛而普遍，它反映了人类与自然生态环境之间相互关系的问题，反映了人类对自然的理性认识和利用、改造，以及与自然的和谐统一。

二、家具设计对自然生态的顺应与开发利用

人类社会与自然界共同构成了客观世界。人类社会的发展是以自然界的存在为前提的。人既是一种物质存在，是自然的产物和自然的一部分，同时又是一种社会存在，与自然存在着社会实践的关系；自然是异于人类社会的客观存在，是客观的自然，同时又是人类认识的自然，正如马克思所说，自然又是"人化的自然"。这是为学界所证实并被普遍认可的。那么人与自然的和谐统一既是一种自然生态关系，也是一种社会生态关系。[1]

先秦诸子对于人与自然的关系曾有过诸多论述。孔子提出"知命畏天"的生态伦理观，这里的"天命"指的是自然规律。孔子认为自然规律是客观存在且不可抗拒的，主张人们要顺应天地自然变化的规律办事。孔子还提倡"乐山乐水"的热爱大自然、自觉维护大自然的情怀。孟子提出"仁民而爱物"，是说有仁爱之心的民众才会去爱护万物。荀子认为"天行

---

[1] 唐家路. 民间艺术的文化生态论 [M]. 北京：清华大学出版社，2006：62.

有常，不为尧存，不为桀亡。应之以治则吉，应之以乱则凶。"[1]这告诉我们自然界的运动变化有自身固定的客观规律，不以人的意志为转移，人类只有充分认识和把握这一规律，才能更好地发挥主观能动性，处理不好人与自然的关系将会带来负面的影响。这里的天人关系包含了人与自然之间的伦理关系。老子提出"道法自然"，主张人的行为符合自然而然的宇宙衍生法则。庄子主张"物我同一"，即天人和谐，包括"人与天一""物无贵贱"和"顺其自然"三层含义。管子认为"人与天调，然后天地之美生。"[2]其意思是说人的活动与自然和谐统一，对人来说，自然天地与人类社会才是美好的。墨子提倡"节用"，主张要合理地利用自然资源，反对过分地剥夺自然资源。

中国自古以农立国，长期以来以自然经济为主体，由于受到生产力水平和技术条件的制约，特别是受到传统"天人合一"观念的影响，中国人与自然生态之间的关系更多地表现为对自然的适应与遵从，与自然的和谐共生。虽然中国人在以自然为实践对象的过程中并非一味地被动屈从，也有积极改造、利用自然的一面，但与自然的和谐统一始终是根深蒂固的传统观念。

在古代家具设计造物活动中，人的主观创造非常重要，要使人与自然、人与环境、人与物、物与物之间的关系协调。对于人与自然之间的关系，古代家具的设计制造活动在尊重自然、顺应自然的同时，又充分发挥了人自身的能动性，表现出人与自然协调的互动关系。家具设计在对自然生态的认识、开发与利用的过程中，体现了设计与自然的和谐关系，反映出人与自然深刻的道德伦理关系。正如董仲舒在《春秋繁露·人副天数》中提出的"行有伦理副天地"的天地伦理观，意思是说人的行为伦理与天地相符。这个道德命题是儒家思想史上第一次明确将人类的伦理视野推广到天地之间，即认为道德伦理不仅存在于人与人之间，也存在于天地生态系统之间。董仲舒认为，在天地的精华所生成的万物之中，没有比人类更高贵的，因为唯独人类能施行仁义。这样，人类就应当超然万物之上，代表万物与天地共行仁义。这里突出了天人关系中人的主体地位，意在赋予人类对于自然界的责任感，强化人类的"超物"责任意识，与天地共施仁义道德。[3]

在古代家具的设计中，人对自然生态的顺应与利用体现在古代家具的设计思想、取材、制作加工等诸方面，如因地制宜、就地取材、量材为用、因材施艺等等，不仅表现出在顺应自然因素制约下的人工意匠，更重要的是对自然价值的认识。

《考工记》载："天有时，地有气，材有美，工有巧。合此四者，然后可以为良。材美工巧，然而不良，则不时，不得地气也。"

天时、地气、材美、工巧可谓设计造物的四个原则。天有时，地有气，材有美可以看作是外在客观的自然因素，而工有巧是内在的主观的人为因素。天时是指自然界的季节的变化、

[1] 王德昌. 白话中国古典精粹文库 [M]. 沈阳：春风文艺出版社，1992：1008-1010.

[2] 管子. 诸子集成（七）[M]. 石家庄：河北人民出版社，1986：242.

[3] 任俊华，刘晓华. 环境伦理的文化阐释——中国古代生态智慧探考 [M]. 长沙：湖南师范大学出版社，2004：197-198.

自然现象的变化。地气指的是地理环境资源。材美是指物质材料的文质之美。管子云："工尹伐材用，毋于三时，群材乃植。而造器定冬，完良备用必足。"[1] 其意思是说如采伐木材，选择在冬季进行则无损于树木的生长；择其成才者用之，既无毁于林，又足用于材。管子认为适时取材有利于造器，又符合自然规律。有的学者认为天时是指适时取材，地气是指适地取材，如此才有美材，加之人工的匠心才有良器。

图 4-25 （清）南柏无束腰直枨加矮老半桌(选自王世襄《明式家具珍赏》)

图 4-26 （明）柴木红漆供桌
（选自关毅《中国古代红木家具拍卖投资考成汇典》)

图 4-27 楚式长方形竹笥
（选自李宗山《中国家具史图说》)

在传统手工业时代，家具造器之材基本都是取自自然，而自然材料的品质优劣又取决于自然的条件，即使在加工过程中，这条件也是不可忽略的。由于技术水平的限制，在家具造物过程中对自然的顺应显得较为重要，在顺应的基础上可以进一步发挥人的能动性。如清代髹漆宝座的制作，髹漆是看不见木材本身的，所以在木材的选择上要比硬木类的材料差一些，一般选用楠木、杉木、樟木或楸木。在加工家具的时候，基本上使用同一种木料，甚至是用同一根木头，因为每根木头的干湿缩胀率不同，这样做可以将家具开裂变形的概率降至最低。

古代家具造物基本上都遵循就地取材的原则（图 4-25、4-26），如独树一帜的晋作家具。山西地处黄土高原，地域封闭，交通落后，整体经济不够发达。由于运输的不便使硬木难以在家具上大量应用，硬木资源有限，价格昂贵。因此，当地因地制宜，使用了本地出产的核桃木、榆木、松木、槐木、杨木等制作家具，以模仿和代替硬木家具。这些柴木木质细腻润滑，不易变形、易于雕刻，色泽浅淡偏灰、柔和且有玉质感，远视与黄花梨相似，木纹流畅，高贵典雅，重量较榉木轻，类似榆木。晋作家具以其独特的材质、古朴的风格，逐渐成为一个独立于三大古典家具流派的重要分支。南方柴木家具以苏州地区制作的榉木家具为首。江南广大地区盛产榉木，其木高可达数丈，质地紧密，色泽如清水般光亮，与黄花梨十分接近，纹理富于变化，如山峦重叠，呈抛物线状，俗称"宝塔纹"。由于榉木量多价廉，使其深深扎根于民间，从商人到一般官吏，从文人到小康之家都大量使用榉木家具。它虽没有硬木家具的华丽高贵之态，却多了几分清逸与秀气。明初，江南民间大量生产榉木家具，这是古人在长期生产实践中对家具物性自然属性不断认识的结果，逐渐改变了几千年来习惯于漆木家

---

[1] 管子. 诸子集成（七）[M]. 石家庄：河北人民出版社，1986：242.

具的生产和使用。榉木家具品种齐全，是任何一种木材的家具所不能比拟的。它是我国硬木家具的先导，起着承上启下的作用。

在我国南方竹家具（图4-27）使用普遍，由于取材方便，加上竹家具适合南方夏天使用，所以像竹席、竹椅等家具一直沿用至今。在中国古代，有一种独特的消暑用具称为竹几。竹几有别于一般的几，它是编青竹为长笼，或去整段竹中间通空，四周开洞以通风，炎热夏季把竹几放于床或榻上供人搁臂憩膝，祛暑祈凉。苏轼《午窗坐睡》一诗中有"竹几搁双肘"的描述。竹几在唐代多称为"竹夹膝"，在宋代俗称"竹夫人"，这一称谓的世俗化、拟人化，表明竹几与人们生活关系密切。清代赵翼在《陔馀丛考》中写道，竹夫人是"编竹为筒，空其中而窍其外，暑时置床席间，可以憩手足，取其轻凉也。"[1]

明代黄大成在《髹饰录》中说，"土厚，即灰……大化之元，不耗之质"，扬明补注，"黄者，厚也，土色也。灰漆以厚为佳。凡物烧之，则皆归土。土能生百物而永不灭。灰漆之体，总如率土然矣。"土是天地大化一开始便赋予人类的物质，在五行中居于首位，不管什么物质，焚烧以后都归于泥土，土化生百物而永远不灭，做漆器用的灰，大抵像随处可见的黄土。[2]《髹饰录》展现了古人造物活动中充分利用自然材料的设计思想。面对今天各种人工材料的应用所造成的环境污染问题，《髹饰录》有值得借鉴之处。

自然生态环境对于古代家具的造物活动具有一定的制约和决定作用，但作为创造主体的人的能动性又在与自然协调一体的基础上完成了对自然的超越和对主体的超越。正如有的学者所说的，人是具有作为自在之物的自然存在和作为自由主体的超越性存在的双重存在。因此人的存在遵循着两个不同的原则，即适应性和超越性原则。前者的目的在于保存和维持人的物理的或生物存在，故可称之为自我保存原则，后者的目的在于创造价值并完成人之为人的使命，故可称之为自我实现原则。[3]在遵循自然原则的前提下与自然共同实现人的主体超越，体现了人与自然对立统一的关系。古代家具的设计造物活动包括了各种造物技术和造物过程，还包括价值观念、审美观念、自然观念、伦理情感等方面对家具设计造物活动的影响。古代家具的设计制造活动对自然生态环境和资源的利用、开发体现了人与自然的和谐统一，反映了人与自然的一种道德伦理关系。

时至今日，科学技术飞速发展，人们利用各种技术手段开发自然、改造自然，人类的主体能动性不断地延展，推动着人类社会的进步。造物中，自然对于我们的约束力已日渐微弱，然而我们与自然的关系也日渐对抗和疏离。在人类高科技发展给我们带来巨大恩惠的同时，我们不应该打破人与自然的这种平衡关系。中国的生态伦理传统作为农业文明条件下人们生存实践的经验体悟和哲学宗教上的理解，不仅包含着农业文明时代人与自然关系的深刻智慧，而且在今天依然具有独特而深远的生态伦理意义。

[1] 何明，廖国强. 中国竹文化 [M]. 北京：人民出版社，2007：86.
[2] 长北. 中国古代艺术论著集注与研究 [M]. 天津：天津人民出版社，2008：253.
[3] 邹广文. 文化·历史·人 [M]. 武汉：华中师范大学出版社，1991：29.

第二节　天工与人工的意匠

一、注重对家具材料物性的把握

《考工记》开篇说:"审曲面势,以饬五材,以辨民器,谓之百工。"这里的"审曲面势"是指考察材料的曲直纹理、阴阳向背、形状等特点,"以饬五材"是指整治各种物质材料,"以辨民器"即筹办制作民众生活所需之器物。这里体现了因材施艺、因地制宜的设计制作原则。中国古代家具由于取材于自然,在造物过程中非常注重对自然材料物理、物性的把握,不逆物性,顺应自然。

木材是中国古代家具用材的大宗,明清以后,古代家具用材的一个突出特点是采用较为贵重的优质木材,如紫檀、黄花梨、铁力木、鸡翅木、乌木、酸枝木、楠木、瘿木、黄杨木、榉木等。这些材料,木质坚硬,木性稳定,可以制作精细复杂的榫卯,可以雕刻各种纹饰和装饰线条。如紫檀,其物理性能优良,内应力小,在任何条件下很少变形。紫檀的纤维非常细密,很适合雕刻(图4-28),即使在木材的横断面雕刻也能很顺畅,可以横向、竖向任意角度走刀。紫檀特别适合细致的雕刻,可以无处不雕。其雕刻的花纹经过打磨以后,有一种模压感。清式家具装饰繁缛富丽,注重细节表现,而紫檀的材料特性正符合这类家具造物的要求,也符合清宫的审美取向。黄花梨的特性也是内应力非常小,木性稳定,不变形,也适合雕。黄花梨可以任意切断其纤维,而不产生连带的断裂。即使把木头纤维全部切断了,还能继续雕刻,这是黄花梨独特的木性特征(图4-29)。

明清家具继承了中国家具结构的优良传统,采用精密的榫卯结构,让家具更加牢固和经久耐用。古代匠师们设计出各式各样精巧的榫卯,王世襄先生说道:"构件之间,完全不用金属钉子,鳔胶黏合也只是一种辅助手段,凭借榫卯就可以做到上下左右,粗细斜直,联结合理,面面俱到,工艺精确,扣合严密,间不容发,常使人欢喜赞叹,有天衣无缝之妙。我国古代工匠在榫卯结构上的造诣不凡。"这一宝贵

图 4-28(明)紫檀有束腰几形画桌雕刻(选自王世襄《明式家具珍赏》)

图 4-29 黄花梨雕刻(选自朱家溍《明清室内陈设》)

图 4-30 汉墓出土漆案（选自胡文彦《中国家具文化》）

图 4-31 （楚）镇墓兽
（选自皮道坚《楚艺术史》）

的遗产值得我们格外珍视。

　　中国古代家具设计善于利用材料之间的物理、化学性能，来获取应用材料的使用特征，如古代家具的髹漆工艺。众所周知，中国是最早使用天然漆的国家。天然漆液经过熬制可以制成各种所需的成品漆液。特别需要强调的是，中国原生漆是纯天然物质，不含任何有毒物质，是最自然、最环保的涂料之一。《本草纲目》记载，中国原生漆还是常用的中药材。中国大漆（又称生漆，即中国漆），能抗住"王水"（硝酸、硫酸、盐酸的混合剂，几乎可以溶解所有金属）的腐蚀。这是任何化学漆都难以做到的。它的同单位面积抗冲压物理测试，在所有涂料中也是名列前茅。因此，中国原生漆在国内外被用于航天航海电子等许多领域。在日本，生漆至今被誉为"涂料之王"[1]。几千年来，我们中华民族就一直在使用它所制造的各种器具直到今天。

　　《韩非子·十过篇》中说："禹作为祭器，墨染其外，而朱画其内。"漆除了具有保护器物的功能，还有装饰功能。禹的时代，人们开始在广口的漆器内壁以朱色漆描绘纹样。生漆本身色泽深沉，各色颜料一经入漆，容易为大漆原色所侵。所以，唐宋以前，黑色和红色是漆器最主要的基本色。人们直接用生漆，或是先熬制成半透明漆液，再加铁粉使之产生化学反映，变成黑而发亮的黑推光漆髹涂漆器。后来朱砂粉入漆，人们便用来髹涂器物内壁并描画图案（图4-30）。自古以来能作为入漆的颜料有银朱、石黄、铁红、蓝靛、松烟等数种。其中矿物颜料出色率高，分量重，永不褪色。染料也可以入漆，如水溶性染料对木质纤维的渗透能力强，主要用来改变木材的天然颜色，在保持木材自然纹理的基础上使其呈现鲜艳、透明的光泽。

　　在春秋战国时期，楚式家具髹漆工艺最为精湛，楚式家具髹漆工艺的进步是以大漆为前提的（图4-31）。楚国脱水精制漆和加油精制漆的制造，被认为是中国古代漆化学的萌芽，特别是油、漆并用工艺的产生，标志着原始的涂料工业从单一材料向复合材料的进步，是古代髹漆工艺的重大发展。[2]髹漆的过程从出土的漆器残片看，包括打底、上漆、彩绘三个步

[1] 王琥. 漆艺术的传延——中外漆艺术交流史实研究 [D]. 南京：南京艺术学院，2003：27.
[2] 后德俊. 楚国科学技术史稿 [M]. 武汉：湖北科学技术出版社，1990：83.

骤。彩绘花纹大部分采用加油精制漆绘在脱水精制漆髹成的面漆上。脱水精制漆髹成的面漆纯正、庄严、深沉，常与加油精制漆绘出的明亮、鲜艳的花纹形成对比，相得益彰，获得极好的装饰效果。有时为了得到某种浅淡鲜艳的色漆，而采用含油量大、含漆量小的配方，楚国的这种色漆制作工艺直到汉代仍被沿用。[1] 除了大漆精制技术的完备和漆色品种的增加外，还表现在对漆的肌理光泽效果的有意识运用。以黑漆和朱漆两种基本色彩为例，即有揩光与退光不同的做法。揩光的黑漆和朱漆光彩照人，晶莹闪亮。退光的黑漆和朱漆则光彩内敛，庄重典雅。两种做法常常两相对照，互为映衬，显出别致的装饰效果。楚式髹漆家具在制作工艺上取得的许多成就，为后代的漆器家具的发展奠定了良好的基础。

图 4-32 （清）紫檀有束腰带托泥圈椅
（选自王世襄《明式家具珍赏》）

中国古代家具造物中有一种烫蜡饰材的工艺。烫蜡工艺是中国传统工艺品如青铜器、木雕、纸张等对表面进行防腐处理的技术。明清时期，烫蜡技术作为木材表面处理的一种装饰工艺应用在家具的表面防护上。传统造物强调尊重材性，追求材料的自然美，而这一工艺正是在这种美学观下被发掘和创造出来的。明清家具中的硬木家具，由于木质坚致，纹理优美，一般都使用蜡饰工艺（蜡多为蜂蜡）。木材经过烘烤，熔化的蜡液趁势浸入木材棕眼、导管之内，经过擦抹之后，使木材透射出一种含蓄柔和的光泽，木材的天然纹理，或如重山叠嶂，或如行云流水，变化无穷，天然活泼。经过这样蜡饰的家具，表面光亮如镜，形成一层保护膜，又能显示木材的天然美。如蜡饰后的紫檀座椅，在一定角度光线的照射下，会呈现出一种柔和美妙如丝绸般的色泽；而蜡饰的黄花梨座椅，则具有琥珀般透明的视觉效果。中国古代工匠对木材材性的尊重，充分发掘显现材料本身的美感，是明清家具的一大髹饰特色和优秀传统（图 4-32）。

中国古代家具设计运用自然材料之间的物性关系，来获得最终的器物的使用功能和审美功能，一方面是源于当时并不发达的科技水平，另一方面得益于造物主体在实践中所获得的经验。但这一造物活动始终是遵循自然界的各种生态法则，是可以最大限度地消解人类设计制造活动对自然生态环境的破坏的有效方式。对于当代不堪重负的生态环境，其宝贵的生态价值值得我们重视和反思。

---

[1] 张正明，萧兵. 楚文艺论集 [M]. 长沙：湖北美术出版社，1991：279.

二、顺应自然，天工与人工融为一体

（一）对天工之美的崇尚

上文中，我们提到了天时、地气、材美、工巧。在传统造物活动中，材美大部分是取决于自然条件。自然环境因素（天时和地气）不仅仅对原初的材料产生重大的影响，而且在制造的过程中对最后的物的形态也会产生影响。

《考工记》云："燕之角，荆之干，妢胡之笴，吴粤之金锡，此材之美者也。天有时以生，有时以杀；草木有时以生，有时以死；石有时以泐；水有时以凝，有时以泽；此天时也。"这段话是说燕地的牛角、荆州的弓干、妢胡的箭杆、吴粤的铜锡这些都是上好的材料。天有时助万物生长，有时使万物凋零；草木有时欣欣向荣，有时枯萎零落；石有时顺其脉理而解裂；水有时凝固，有时化为雨露，而有质量的变化，都是因为天时的作用。[1] 明清家具所使用的紫檀、黄花梨等优良木材，大部分来自南洋各国，我国海南、云南、广东、广西也有少量出产，正是在当地那样的自然环境、那样的气候条件下才能生成那样的美材。中国的自然地理环境非常适合漆树的生长，漆树广布于中国的许多省份，目前，中国的漆树资源占全世界漆树总资源的 80% 左右，而且中国原生漆的品质也是最好的。正因为如此，中国的传统漆器才会有那样的辉煌。《考工记》又云："橘逾淮而北为枳，鸲鹆不逾济，貉逾汶则死，此地气然也。郑之刀，宋之斤，鲁之削，吴粤之剑，迁乎其地而弗能为良，地气然也。"这里举例说明橘树移植到淮河以北就变成枳，鸲鹆不会向北飞越过济水，貉越过汶水则亡，郑国的刀，宋国的斧头，鲁国的削，吴粤的剑，如果不是出产于当地不是上品，这些都是地气的作用。"材美工巧，然而不良，则不时，不得地气也。"[2] 这句话是说如材料上佳，工艺精湛，但制造出的器物还是不好，那是因为不顺应天时，不适应地气的。所以只有"天时""地气""材美""工巧"四者合而为一，才能造出精良之器。

图 4-33（明）黄花梨提盒
（选自王世襄《明式家具珍赏》）

图 4-34（明）鸂鶒圆角炕柜
（选自王世襄《明式家具珍赏》）

古代家具设计非常强调"材美"这一因素，重视材料的自然美（图 4-33）。这种自然的审美观与古人崇尚"天人合一"的文化传统不无关系。老子认为，美在自然，在于自然而然。《淮南子》强调美的客观性，它继承了道家

[1] 杭间. 中国工艺美学思想史 [M]. 太原：北岳文艺出版社，1994：71.

[2] 闻人军. 考工记 [M]. 北京：中国国际广播出版社，2011：159.

崇尚自然的思想，认为自然美是任何技艺都无法做到的，"美者"是因"天地所包，阴阳所呕，雨露所濡，化生万物"而成，"瑶碧玉珠，翡翠玟瑰，文彩明朗，润泽若濡，摩而不玩，久而不渝，奚仲不能旅，鲁班不能造，此之谓大巧。"[1] 材料的自然美是材料自身的物理特性、结构特征、视觉效果、触觉感受、味觉特征的综合体现，它投射到人的心理上会产生一定的情感对应。陶制家具感觉质朴自然；铜、锡合金的青铜给人以冷峻、华贵、庄严的感受；漆的髹饰让我们看到了它的光泽和色彩，以及漆耐热、耐腐蚀、散发香味的自身的"美"；竹材制作的家具清新自然；使用紫檀、黄花梨、鸡翅木（图4-34）、乌木、酸枝木、铁力木、楠木、榉木等质地细腻、色泽优雅、纹理优美的优质木材制作的家具，体现了一种天然去雕饰的自然之美。这种选择不是源于材料的坚固耐用，而是源于中华民族的审美趣味和审美理想。中国人崇尚与自然的融合，热衷于在自然中寻找和发现美的因素。他们往往以自然对象比附和表征自己的人生理想和民族的价值观念，追求"不事雕琢，天然成趣"的审美意境。

图4-35 （清代）天然木椅、几（选自马未都《马未都说收藏·家具篇》）

图4-36 （明）黄花梨玫瑰椅（选自王世襄《明式家具珍赏》）

（二）对人工之美的追求

古代家具设计中的"工巧"强调人的主观能动性，重视技术美，强调造物主体人的技艺创造，特别是强调充分挖掘造物者在种种客观条件限制下的意匠能力（图4-35）。《说文解字》中也说："工，巧也，匠也，善其事也。凡执艺事成器物以利用，皆谓之工。"又曰："工，巧饰也。""工"的意义在于"巧"。《考工记》将百工称为"巧者"。《释名》说："巧者，合异类共成一体也。"由此可以看出，"工巧"是造物主体人对材料的利用和改造方式，利用各种技术将材料制作成合目的性的美的器物。在这一过程中，工匠一方面要受到天、地、材等因素的制约，表现出设计对于自然规律的顺应；另一方面要充分发挥主体的创造性，合乎礼制，合乎需求，对既有的种种限定予以协调和突破。"工巧"是对造型及装饰的审美判断。道家强调"大巧若拙"，道家要求"真正的巧并不在违背自然规律去卖弄自己的聪明，而在于处处顺应自然规律，在这种顺应之中使自己的目的自然而然地得以实现。"[2] 在"无为而无不为"的原则下顺应自然，追求"巧夺天工""自然天成""大巧似拙"。这种不留痕迹的技巧，是一种观念，更是一种境界。

人们常用"鬼斧神工"来形容制作工艺的巧妙与精湛，用来形容中国古代家具十分贴切。

[1] 杭间. 中国工艺美学思想史 [M]. 太原：北岳文艺出版社，1994：71.
[2] 李泽厚，刘纲纪. 中国美学史（第一卷）[M]. 北京：中国社会科学出版社，1984：219.

天工与人工的合璧造就了中国古代家具的辉煌（图4-36）。那坚固精密的榫卯结构，那经营巧密的"攒边"技术，那精炼利落的线脚变化，那优雅舒展的造型，那或简约或浓华的雕饰工艺，那丰富多彩的髹饰技艺以及那曲与直、线与面的有机结

图4-37（战国中期）龙凤方案
（选自李学勤《中国青铜器概说》）

图4-38（战国中期）三角云纹敦
（选自李学勤《中国青铜器概说》）

合，无不显示出古代工匠们高超的技艺和对工巧之美的追求。从一件件精美的家具中，无论是陶制家具、青铜家具，还是髹漆家具，我们都可以感受到一种物化了的造物者的聪明才智。

如先秦时期的青铜器，当时青铜器在铸造工艺方面已非常先进，可谓精巧绝伦（图4-37、图4-38）。中国的青铜器在世界各地的青铜文化中有着特殊的地位。其造型之优美，形制之复杂，花纹之精妙，处处彰显古代匠师们巧夺天工的构思。青铜器的铸造主要有块范法和失蜡法两种基本的方法。块范法是先制成欲铸器物的模型，模型亦称作模或母范，再用泥土敷在模型外面，脱出用来形成铸件外廓的铸型组成部分，称为外范，外范要分割成数块，以便于从模上脱下，此外还要用泥土制一个体积与容器内腔相当的范，称为芯或内范，然后使外范与芯套合，中间的空隙即型腔，其间隔为欲铸器物的厚度，将熔化的铜液注入此空隙内，待铜液冷却后，除去外范和芯即可得到所欲铸器物。块范法包括一次浇铸即完全成形的浑铸法和分铸法。分铸法是指一件铸器各部位是分别铸成的，再以连接方法使各部位结为一体。这种方法适合铸造比较大型的器物。失蜡法就是先用蜡料做出铸件的模型，由于蜡料质地酥软，可轻易地在上面雕刻极为复杂、细致的纹饰，或者可以把蜡料制作成复杂的器物造型，然后在蜡模的表面用细泥浆多次浇淋，使蜡模表面形成一层泥壳，再在外表涂以耐火材料，用火烘烤，蜡即流出，蜡模即成泥模了。失蜡法适合铸造小而复杂的精细之物，一般用失蜡法制作而成的器物都非常奇巧繁复。青铜器的装饰方法主要有镶嵌红铜、嵌绿松石、金银错、包金银、贴金、镀锡、鎏金、镀铬、髹漆等。错嵌红铜、金银错、嵌玉石都是根据装饰图案的需要，预先在青铜器的表面留出或雕刻出一定的凹槽，然后再向凹槽中镶嵌红铜、金银丝或名贵的玉石，最后将表面磨光打平，使整个青铜器看起来富丽堂皇、色彩斑斓。

古代家具中的髹漆家具可谓是一枝奇葩，髹漆工艺丰富多彩，发展到明清时期，中国的漆工艺非常发达，各种技法齐备，并被广泛用于家具髹饰，形成或单色纯正，或五彩缤纷、绚丽夺目的装饰效果。漆饰主要有：素漆、彩漆、雕填、雕漆、骨石镶嵌、罩漆、描金、戗金、款彩、剔犀以及金银平脱等多种髹饰手法。

如楚式髹漆家具中的江陵望山1号墓出土的彩绘小座屏，屏高连座仅15厘米，座高3厘米，屏长不过51.8厘米，厚仅3厘米，座宽也不过12厘米。就在这有限的空间、体积内运

用透雕、圆雕、浮雕相结合的手法，雕刻出凤、鸟、鹿、蛇、蛙等55个生动活泼的小动物。动物形象生动逼真，十分醒目。55个动物与花纹互相穿插，动静结合地交织在一起。通体髹漆之后再用朱红、灰绿、金、银等色彩绘，边框之上饰以黑红相间的几何云纹。整个座屏利用榫卯结构组合，精密严整、天衣无缝，体现出构图的明艳动人，精美绝伦，真可谓神乎其技（图4-39）。

图4-39 湖北望山战国墓出土的漆座屏（选自胡文彦《中国家具文化》）

明代百宝嵌花鸟纹黑漆圆角柜可谓是一件传世绝少的明代百宝嵌家具（图4-40）。此柜采用琥珀、珊瑚、松石等名贵物料，鸟飞蝶舞，果硕花繁，图案生动，构图雅致，十分精美。

清式家具还用大理石、玉石、陶瓷、贝壳、金属、瘿木、珐琅、竹子、黄杨木等进行镶嵌，其中以嵌大理石、贝壳最为常见。这些不同质地、不同色泽的装饰材料和高超的镶嵌技艺，为清式家具增添了瑰丽的色彩。

（三）天工与人工的意匠

中国古代家具设计注重材美与工巧，注重天工与人工合一。这是自然美与技术美的统一，情与理的统一，艺术与技术的统一。这里的"天工"不仅指自然界造物的瑰丽，还指自然界的运行规律。正所谓"天工开物"，即利用自然界的有用之物，顺应自然，通过人工开发，制造出有价值的器物。在古代家具中，明式家具可谓是材美工巧，天工与人工融为一体的典范。明式家具的主要特点是采用木架构造形式，形成别具一格的形体特征，造型素简凝练、结构合理、淡雅纯朴。同时，明式家具充分发挥了木材的色泽和纹理的自然之美。在不影响整体效果的前提下，家具略加雕饰，制作上讲究巧妙的榫卯结构和工艺的精巧，使明式家具显得简练、空灵、圆融、妍秀、沉穆、淳朴、柔婉、挺拔。明式家具总体上造型简洁、流畅，确立了以"线脚"为主要元素的造型手法，家具强调线条美，突出"线"与"面"的有机结合，在视觉上注意形体的收分起伏和线形的变化，柔美的曲线结合朴素的直线，动静相宜。线脚的阴阳、曲直的细微转变，增加了家具的柔和感和精致感。明式家具的设计特别强调整体的造型比例关系，注重按照一定的美学比例进行分割。在明式家具中有很多的结构部件，如牙子、枨、卡子花、矮老、托泥等，它们不仅增强了家具的力学强度，而且被美化装饰，成为家具的结构装饰。这些结构装饰部件融于整个家具中，恰到好处。可以说，明式家具是有机设计的典范（图4-41、图4-42），它对西方的家具设计有着非常深远的影响。

古人向来把设计造物活动看作自然的一部分，处处考虑到人与自然的和谐，强调一种整体的、系统的、互相制约的美。正如李砚祖教授说的，这一思想"反映着当时社会'天人合一'哲学思想的影响和人的宇宙观，从而在设计上反映出与'天人合一'相一致的物顺自然、合乎天道的思想观念。从自然到人工，不仅两者组合，而且互为表里，以自然为尚，以人工为本。创物犹如万物之声息，自然而如意。"[1]注重天时、地气、材美、工巧的设计思想对当时以农业为本的中国，在造物领域产生过积极的推动作用。尊重自然，有效地利用材料的特性，充分发挥人的创造能力，这作为一种设计伦理精神，即使在当代，科学技术飞速发展的今天，它仍然对现代人的造物活动具有很好的指导作用，并且能够长久地发展下去。

图4-40 （明）百宝嵌花鸟纹黑漆圆角柜（选自关毅《中国古代红木家具拍卖投资考成汇典》）

图4-41（明）黄花梨高火盆架（选自王世襄《明式家具研究》）

图4-42 （明）夹头榫翘头案（选自王世襄《明式家具珍赏》）

[1] 李砚祖. 工艺美术概论 [M]. 济南：山东教育出版社，2002：155.

第五章

古代家具设计的科技伦理内涵

第一节　以人为本的家具设计

中国古代家具设计造物，是取材于自然，再施以人工而改变其形态与性能的过程。古代家具设计，一方面这一物涉及人们对自然的态度，对自然的取舍；一方面涉及人们对生活的态度，人对家具的态度。

在人与自然的关系上，天人合一是中国古代哲学最重要的理论问题，是设计的一个基本出发点，同时也是传统科技伦理思想的基本问题。科技是联结人与自然关系的重要中介物。人类造物必然要依托科技的种种物质手段和工具。但是，传统天人合一观念强调技术及其造物活动不能扰乱和破坏自然，造物活动中，技术的运用应在人与自然的和谐氛围中生长。在儒家看来，制造中技术的运用要不违天时，与自然、社会和伦理活动相一致。道家认为，技术的进步不能破坏人的生活和生态的平衡，制造技术的运用与人和自然三者之间应该保持必要的平衡。制造技术与自然合一是中国传统造物文化的突出特点。

在人与家具的关系上，古人强调重己役物，致用利人。家具是因为实际需求而产生，所以，家具应当为人所用，而不应人被物所制。用物而不为物所累，这是自古以来人们对待物的最根本的观念。《尚书·周书·旅獒》中说："不役耳目，百度惟贞。玩人丧德，玩物丧志。"耽于物则人难免被物所异化——丧失自我心志。因此，对待器物的态度是："不贵异物贱用物。"器物是为人用的，而不是作为财富的象征的。[1]

人与家具之间，是人主宰着家具，设计中把人放在主体的位置即重己；家具是为人所服务的，它的价值在于功用而不是家具本身即役物；所造之物能满足人的需求，有利于人的生活即致用利人。道家认为在人与物的关系上，力求"不以身假物""不与物交""从而无物累""不以物挫志""不以物害己"，要做到"物而不物，故能物物。"[2]

作为工匠出身的大思想家墨子，对人与物的关系也有深入的剖析。在《墨子·非乐》中论到："仁之事者，必务求兴天下之利，除天下之害。将以为法乎天下，利人乎？即为。不利人乎？即止。"其他思想流派对此也有论述，如《管子·五辅第十》中说："古之良工，不劳其知巧以为玩好，无用之物，守法者不失。"在《韩非子·外储说右上》有这样一段，堂溪公谓昭侯曰："今有千金之玉卮而无当，可以盛水乎？"昭侯曰："不可。""有瓦器而不漏，可以盛酒乎？"昭侯曰："可。"对曰："夫瓦器，至贱也，不漏可以盛酒。虽有千金之玉卮，至贵而无当，漏不可盛水，则人孰注浆哉？"韩非子列举玉卮与瓦器盛酒的关系，说明物的价值首先取决于实用。他认为物的功利性是决定其价值的最根本的东西。如果只有审美的、艺术的价值，没有实用价值，那么就毫无意义。注重实用的设计思想贯穿着造

---

[1] 邵琦，李良瑾，陆玮，等. 中国古代设计思想史略 [M]. 上海：上海书店出版社，2009：3.

[2] 杭间. 中国工艺美学思想史 [M]. 太原：北岳文艺出版社，1994：15.

物的始终，这一思想对古代家具的造物活动也影响深远。力避无用之物的出现，避免奇技淫巧的出现，在设计中体现对人的最深切的关怀和对人的需求的全面满足。

一、古代家具设计中的人本主义表达

"以人为本"的思想一直是中国传统文化的精髓，在设计过程中遵循以人为对象、以人为中心的思想，以造福人类为最高宗旨，强调对人的生存意义和价值的全面关怀，是一种科学精神与人文精神的双重关怀。造物中所体现的以人为本，是个人在造物活动中，对人的地位、权力、能力、价值、尊严所采取的一种态度。设计中，人是目的，而科技只是造物的手段。

中国具有悠久的以人为本的传统，这一传统萌芽于原始社会，形成于先秦并在后世继续发扬光大。中国人认为创物者是人而不是神，即使是在传说中被神化了的，也仍然是人，是历史上确实存在过的真实人物，而不是西方所顶礼膜拜的上帝神灵。这恰恰是"以人为本"思想的真实写照。

先秦时期的思想家一般是把自然论和人事论紧紧结合在一起的，没有把人与自然分开来，在探讨天或自然的时候，总是同人事联系在一起，正是"亦欲以究天人之际，通古今之变，成一家之言"。《周易·贲卦第二十二》中"文明以止，人文也。观乎天文以察时变，观乎人文以化成天下"的记载，就是以人为本思想的滥觞，并且提出"备物致用，立成器以为天下利，莫大乎圣人"。孔子"人能弘道，非道弘人"的思想是我国人本思想处于启蒙时代的一种说法。孟子的"万物皆备于我"被认为是中国古代第一个明确表述的以人为本的命题。此后，思想家从不同的角度阐述了以人为本的思想。[1]

"以人为本"是中华人文精神的具体体现，中国古代家具设计中以人为本的思想主要体现在对物质需求与精神需求的双重满足上。

（一）古代家具设计对精神需求的满足

古代家具设计中以人为本的思想体现在精神方面，表现为对人的地位、权力、尊严、审美等方面的满足。

前文中曾提到宝座（图5-1），这一独特的家具是把礼仪和权力象征放在首位的，其用料硕大、体形沉稳厚重、雕饰华丽，靠背、扶手与身体有相当距离，坐在上面前后不靠，如同坐在床上，并不舒适，但它讲求的是庄重和威严，是地位和身份的象征。还有太师椅，后背板、扶手与座面垂直，一般置于中堂之中，是议事和会客常用坐具，重要事情的商讨、会见重要人员，要体现出严肃和庄重之感。一般仅坐太师椅的前半部分，使上身笔直，呈庄重之态，此时精神功能的需求决定了太师椅的形式。

---

[1] 陈万求. 中国传统科技伦理思想研究 [M]. 长沙：湖南大学出版社，2008：87.

图 5-1（清）花梨边框嵌鸡翅木牙骨山水宝座（选自朱家溍《明清室内陈设》）

图 5-2（明）黄花梨四出头官帽椅（选自王世襄《明式家具珍赏》）

明式家具中的四出头官帽椅（图 5-2），因其椅背搭脑处向外伸展，形似古代官员的官帽，因此得名。这一造型特征表达了文人对自身仕途的期望。家具造型看似简单，其实内涵丰富。

中国古代家具，无论是神秘威严的青铜家具、精美的髹漆家具还是高贵的硬木家具，历经朝代的更替，形成了不同的家具风格，其中既有写实精炼的秦汉家具，又有丰满华丽的唐代家具；既有明式家具之典雅秀美，又有清式家具之繁缛富丽；既有皇家之富贵，又有民间之纯朴；既满足了人们不同的审美情趣，又满足了实用的需求。

家具上的纹饰经过几千年的发展和演变，成为中国古代家具独特的装饰语言。无论是人物类、祥禽瑞兽类、植物类、文字类纹饰，还是几何形图案类、器物博古类纹饰，都综合地反映了不同历史阶段的政治面貌、风俗习惯、宗教信仰、观念意识和审美情趣，这些纹样装饰在家具的不同部位，并与不同时期家具的风格特征相适应，或雕龙附凤，或镂刻祥云，均装饰得自然得体，让人过目难忘。它们以强烈的装饰意韵赋予了中国古代家具无与伦比的审美价值和深厚的文化内涵。

（二）古代家具设计对物质需求的满足

古代家具设计中以人为本的思想体现在物质方面，表现为对人的实际生活需求的满足，讲求实用，从家具的功能需要为出发点。

以汉代的铜灯为例，汉代的铜灯应用十分普遍，制作工艺也十分发达，设计中强调功能与仿生形态的结合。如河北满城出土的长信宫灯，此灯由六部分组成，采取分别铸造、合成一体的方法，各部均可拆卸。一屈膝宫女左手托灯，右臂高举与灯顶部相通，以手袖为虹管，形成烟道，用以吸收灯烟送入灯盘，使之溶于灯盘里的水中，防止空气污染，灯体成圆形，有两块瓦状的罩板，可以拉动罩板任意调节光照的方向。长信宫灯设计十分合理，既有使用价值，又有审美价值，是功能与审美的完美结合（图 5-3）。

北宋黄伯思的家具专著《燕几图》（"燕"同"宴"）中，有六个单件小几，后又加了一个小几，总共七个小几，也称七星。其中长几两件，中几两件，小几四件，可组合成二十五品，灵活变换成七十六种格局，组合形式可大可小，可方可长，纵横离合，可聚可散，可以满足设席、饮宴、书画、琴棋、吟诗等多种需要，可谓是今之组合家具之始祖。其充分

显示出家具设计的功
能性。至今《燕几
图》对于现代组合家
具设计、室内陈设的
布置都有十分重要的
现实意义。明代万历
年间，常熟人戈汕又
著《蝶几图》，是用
十三种三角形的几桌
进行组合，错综复
杂，变化丰富。虽未
见传世实物，但从中

图5-3 (西汉) 长信宫灯 高48厘米 (选
自李学勤《中国青铜器概说》)

图5-4 (清) 红木云石桌面七巧桌
(选自关毅《中国古代红木家具拍卖投资考成汇典》)

我们看到了家具设计的睿智。苏州留园有一制作于清代中晚期的红木七巧桌（图5-4），桌面
为嵌大理石装饰，桌子下部踏脚采用冰凌纹装饰，整个造型灵巧而精美。此桌由一张小方桌、
五张大小不同的三角形桌和一张平行四边形的小桌组成。这张七巧桌延续了宋明的设计理念，
除了满足人们对物质功能的需求外，还使人们感受到造物设计所带来的情趣。

柜类家具中的顶箱柜，其上部为一个箱子，可以放置被褥等较长时间不用的物品，而柜
内又分为"落堂"，即在门下沿以下的空间，用一平板为盖，底下可以放些贵重或不常用的
东西，盖的上面可以放些常用之物。从这些安排，可以看出家具设计中对使用功能的追求。

在古代家具设计中，一物多用的思想由来已久。我
们可以从文人笔记和民间家具中找到诸多例证。如由炕
桌和桌腿组合而成的黄花梨有束腰两用方桌（图5-5）。
此桌的桌腿两边用双枨连接，桌腿与桌面结合时，就成
为一般的八仙桌，当桌腿拿开，便是一炕桌。此家具把
功能与造型完美结合，表面看似平常，实则匠心独具，
值得细品。再如李渔设计的暖椅。李渔是一个喜爱创新
的文人，遵循"顺从物性""以人为本"的客观标准一
直是李渔反复强调的设计原则。在《闲情偶寄·卷四·器
玩部》中详细记载了李渔设计的暖椅。其形制"如太师
椅而稍宽，彼止取容臀，而此则周身全纳故也，如睡翁

图5-5 (明) 黄花梨有束腰两用方桌
(选自李宗山《中国家具史图说》)

椅而稍直，彼止利于睡，而此则坐卧咸宜，坐多而卧少也。前后置门，两旁实镶以板，臀下
足下俱用栅。用栅者，透火气也；用板者，使暖气纤毫不泄也；前后置门者，前进人而后进
火也。然欲省事，则后门可以不设，进人之处亦可以进火。此椅之妙，全在安抽屉于脚栅之
下。只此一物，御尽奇寒，使五官四肢均受其利而弗觉。……倦而思眠，倚枕可以暂息，是

一有座之床；饥而就食，凭几可以加餐，是一无足之案；游山访友，何烦另觅肩舆，只顺加以柱杠，覆以衣顶，则冲寒冒雪，体有余温，子猷之舟可弃也，浩然之驴可废也，又是一可坐可眠之轿；日将暮矣，尽纳枕簟于其中，不须臾而被窝尽热；晓欲起也，先置衣履于其内，未转睫而襦袴皆温。"[1] 可见李渔设计的暖椅是集椅、床、案、轿、熏笼于一身的多功能家具。

二、以人为本的家具设计实践

在设计造物活动中，涉及设计主体、制作的技术工具和设计对象，其中人与物是两个最基本的要素。中国古代家具设计伦理在处理人与物的关系上，表现为"重人轻物"，即重人力而轻自然力，重技艺而轻工具，重功利而轻技术。这与西方"重物轻人"的思想观念形成鲜明反差。

（一）古代家具设计重人力轻物力

古代家具设计制作中的"人力"是指在造物活动中利用人的自身体力来直接参与和完成制作的各项任务；"物力"即自然力，包括借助制造工具或是由各种自然能源转化为动力来完成造物的各项任务。马未都先生曾经说过，中国人喜欢难为自己。比如说中国人用毛笔写字，拿软毛笔写字其实难度很高，这是在磨炼中国人内心的功夫。同样，在明代中期以后，用紫檀、黄花梨、鸡翅木、铁力木、酸枝木等贵重木材来制作家具的，全世界只有中国。这些木材虽然木质细腻，纹理优美，适于精雕细琢，但是这些贵重木材质地坚硬，施工起来非常不方便。明朝的时候没有电锯之类的现代生产工具，要把很粗很硬的木材分解成一块板，需要两个人上下拉框架锯。框架锯俗称"窗锯"，像窗户一样的大锯。用窗锯分解一块板，经常需要好几天，甚至是一个星期，非常费劲。分解完木材，再进行家具造型及榫卯的设计，之后雕琢打磨，或髹漆，或蜡饰，制作一件家具费时费工。

如传统髹漆工艺中的"百宝镶嵌"（图5-6），因其所用材料多且珍贵，故此得名。通常以宝石、水晶、玛瑙、青金、绿松、碧玉、翡翠和玳瑁等为主，以象牙、云母、石决明、砗磲、珍珠、琥珀、珊瑚、蜜蜡和沉香等为辅。制作时，先要细心择取相应之材料，粗雕细磨成各式山水人物、树木楼台、花卉翎毛，然后将其嵌入漆内。选料时，可用煎色即在颜料锅内以火煎煮或垫色，即在透明或半透明材料之背面涂以色彩的方法，促使整个画面的色彩统一在协调的氛围之中。再有雕漆工艺，包含剔红工艺、剔犀工艺和剔彩工艺。其工艺过程较为繁复，需经制胎、烧蓝、涂地、涂漆、描样、雕剔以及磨光等数道工序。雕漆工艺是一种深镂法，记载漆器的底胎上略微加工以后，再根据不同品种所需色调用各种色漆依前述上漆的方法次第涂刷，少则数十道，多则一二百道，使色漆达到理想的雕剔厚度。然后，在漆面

---

[1] 李渔. 闲情偶寄 [M]. 西安：陕西人民出版社，1998：165-166.

上按画稿运用特制的多种雕刀精雕细刻，使漆面形成远近、大小、深浅等迥然不同的层次，于人以观赏立体图画之感受。雕漆之色通常以红色为主，故又称"剔红"（图5-7、图5-8）。

明清时期烫蜡技术被作为木材表面处理的一种装饰工艺应用在家具的表面装饰上。它不仅能很好地展现木材优美的自然纹理，而且还在木材表面形成了一层保护膜防止外界环境对木材的腐蚀，延长家具的使用寿命。明清宫廷的活计档里记载传

图5-7 （清中期）剔红炉、瓶、盒
（选自关毅《中国古代红木家具拍卖投资考成汇典》）

图5-6 （清）黄花梨百宝嵌大四件柜
（选自王世襄《明式家具珍赏》）

图5-8 （清中期）剔红文会图方匣
（选自关毅《中国古代红木家具拍卖投资考成汇典》）

统烫蜡工艺可分为擦蜡、烫戗搓、干抖蜡、漆托蜡等等，其中烫戗搓（包括烫蜡、起蜡、擦蜡三个工序）工艺最为考究。烫蜡时，根据烫蜡家具体量的大小，选择燃炭的烫蜡器具。使用炭炉的技术难点是根据燃炭的温度来控制与家具表面的距离，离得太近则很容易将木材的表面烤煳或使烫蜡的家具表面发焦，离得太远不能将蜡完全烤化，使蜡进入到木材管孔的深度很浅，传统工匠称之为"吃进几分蜡"，太近或太远都不行，烫蜡的好与坏直接影响着木质家具最终的品相，这一过程完全凭借工匠的经验进行人工控制。

古人很早就意识到"善假于物"的必要性，那么，为何在古代家具制作中会出现注重人力的现象？可能有人会认为，中国的人力资源丰富，人力成本低。笔者认为，也许是因为在造物中始终把人放在最主体的位置，强调人对事物的掌控和把握能力，注重对人的自身潜能的挖掘和内在精神的磨砺。

（二）古代家具设计重技巧轻工具

孔子说："工欲善其事，必先利其器"，这里主要强调工具在造物中的作用。但是，在中国古代家具设计实践中，人们更看重工匠自身的技巧。很多典籍中关于工匠的精湛技艺或是造物的制作工艺会有比较详尽的记载，而对于工具的记述相对较少。《考工记》开篇所说的："天有时，地有气，材有美，工有巧，合此四者，然后可以为良。"在这设计制作的四个因素中更强调工巧，工巧是对前三者的综合，天时、地气、材美通过工巧才能使器物的制作得以成功。工巧就巧在对种种客观限定的协调与突破。传统制造中对工具的改进不是很重视，对人的工艺技巧十分看重。能在简陋的条件下，用简单的工具，通过人的意匠，制造出

精美的器物，才最值得称颂。这种传统观念根深蒂固。

《考工记》中就记载了当时先进的工艺技术。"六分其金而锡居一，谓之钟鼎之齐；五分其金而锡居一，谓之斧斤之齐；四分其金而锡居一，谓之戈戟之齐；三分其金而锡居一，谓之大刃之齐；五分其金而锡居二，谓之削杀矢之齐；金锡半，谓之鉴燧之齐。"金即是铜，青铜是红铜加铅和锡冶炼而成的合金，制作不同的器物，铜、铅、锡所占的比重也各异。冶炼出来的青铜会有不同的物理特性，并指出每一种特性适合制作什么器物。根据现代人所做的实验研究，上述记叙完全合乎科学原理。青铜的冶炼工艺技术在当时已经达到了一个非常高的水平（图 5-9）。

图 5-9（战国早期）嵌红铜狩猎纹豆　（选自李学勤《中国青铜器概说》）

图 5-10（清）天然木罗汉床（选自马未都《马未都说收藏·家具篇》）

中国古代家具中有一类家具称为"天然家具"，就是利用天然的树根、树瘤、古藤树根等做成家具（图 5-10）。这类家具的制作来源于传统的根雕艺术，这种工艺早在唐宋时期就已出现，明清两代一直受到文人雅士的钟爱。设计中精心选择美材，巧做拼合，对边线、足座即特殊部位细加雕琢，因材取形，有的还要进行包镶和髹漆。这些家具质地坚硬、古朴自然。这些材料在工匠的手中变得异常奇巧、雅致、情趣横生。

我国自古以来对技巧的推崇，实际上是一种所谓导向。它是人们把聪明才智更多地用于发掘自身的生理和思维潜能上，从而在自然手工业和手工场手工业水平上把技巧发挥到尽善尽美的地步。然而技巧毕竟是具有私人性质的能力，其中有些经验和诀窍不仅难于流传推广，甚至容易失传。

重技术而轻工具的成因与以农为本的自然经济体制密不可分。虽然在特定的社会环境下，产生了与之相适应的设计观念，从今天的视角看，有一定的历史局限性，但是，在现代科技迅猛发展的今天，出现的"重物轻人"的发展趋势却值得我们深深思索。

（三）古代家具设计重功利轻技术

中国传统设计思想中的一大特点是强调"致用利人"。设计的评价体系中以是否"利人"

作为器物好坏的标准。这一思想也充分体现了设计"以人为本"的特质。墨子以是否利人作为衡量技巧的根本标准。墨子认为:"……故所为功,利于人谓之巧,不利于人谓之拙。"法家认为:"立械器以使万物",[1] 即利用大自然的资源制作器物,以役使并支配,为人民谋取福利。在造物用物的过程中,人与物的关系是"人为物本,物因人而用"。

传统设计观念反对奇技淫巧。儒家一向比较轻视技术,认为不适当的技术必须禁止和加以限制。《礼记·王制》中记载:"作淫声、异服、奇技、奇器以疑众,杀。"道家一方面肯定日用技术的功用,另一方面又顾忌技术的进步会带来生态平衡的破坏和人为的物役,认为"人多利器,国家滋昏;人多伎巧,奇物滋起"。人们的利器越多,国家就越会陷入混乱;人们的技巧越多,邪恶的事情就会连连发生。法家提倡"毋作淫巧",要求工匠要"诚工",不允许不遵职守,粗制滥造。法家判断技术的好坏是看它的实际效果的有和无,大和小,反对那种费时多而无实际意义的技巧。古代家具因实际需求而产生,实际使用功能是家具设计中最根本的原则。无论是民间家具还是宫廷家具,满足实用功能性是第一位的,当然,宫廷家具还要强调家具的精神功能,要体现皇家贵族的威严和神圣,传达出"至尊至贵"的文化信息。

图 5-11(唐代)壁画上的莲座
(选自李宗山《中国家具史图说》)

图 5-12(清)有束腰瓷面圆凳(选自王世襄《明式家具珍赏》)

例如古代家具中的坐墩,因类似鼓的圆墩,中间大,两头小,故又叫"鼓墩"。除鼓墩外,坐墩还有方台状、细腰状(图 5-11)、圆筒状以及平面作六角形或八角形的多面体的造型。用材上以木制、藤制、蒲制为主,也有石制、瓷制、雕漆、彩漆描金的坐墩(图 5-12—图 5-14)。《遵生八笺》中曾提到蒲制坐墩:"冬月以蒲草为之,高一尺二寸,四面编束细密,且甚坚实,内用木车坐板,以柱托顶,久坐不坏。"[2] 墩类坐具在古代用得比较多,十

[1] 赵守正. 白话管子 [M]. 长沙:岳麓书社,1993:635.
[2] 胡文彦. 中国历代家具 [M]. 哈尔滨:黑龙江人民出版社,1988:59.

分适合陈设于书房、秀阁和内室等室内环境，常能为室内布置增添不少情趣。民间工匠在坐墩的制作中充分发挥其创造性，巧妙利用鼓墩中空的腹部，把坐墩的坐面设计为可随意开合的盖子，表面上看起来与一般坐墩并无二致，取下盖子，坐墩即变成一个可以储物的收纳家具，既实用又美观。

明代文人文震亨在《长物志》中说："几榻有度，器具有式，位置有定，贵在精而便，简而裁，巧而自然。""古人制几榻，虽长短广狭不齐，置之斋室，必古雅可爱，又坐卧依凭，无不便适……今人制作，徒取雕绘文饰，以悦俗眼，而古制荡然，令人慨叹实深。"榻"有古断纹者，有元螺钿者，其制自然古雅……近有大理石镶者，有退光朱黑漆，中刻竹树，以粉填者，有新螺钿者，大非雅器。"《器具》卷《香筒》中道："香筒旧者有李文甫所制，中雕花鸟、竹石，略以古简为贵；若太涉脂粉，或雕镂故事人物，便称俗品。"文震亨认为那些雕绘满眼、错金镂彩、精工繁复的都有碍古雅，他反对人巧外露，提倡掩去人巧。它喜爱"天台藤""古树根"制作的禅椅，"更须莹滑如玉，不露斧斤者为佳"。[1] 这从一个侧面反映了当时文人士大夫崇尚古朴自然、顺物自然的审美取向（图5-15）。

图 5-13（清）紫檀直棂式坐墩
（选自王世襄《明式家具珍赏》）

图 5-14（清）紫檀五开光坐墩
（选自王世襄《明式家具珍赏》）

图 5-15（明）紫檀三屏风独板围子罗汉床（选自王世襄《明式家具珍赏》）

图 5-16（清）紫檀木仿竹节雕鸟纹多宝格（笔者摄于上海博物馆）

[1] 张燕. 中国古代艺术论著集注与研究 [M]. 天津：天津人民出版社，2008：416.

清式家具是中国古代家具发展的最后一个阶段。从形制上看，清式家具中的床榻、桌椅、箱柜等家具的实用特征比较显著，但清式家具在装饰上注重细节的修饰，整体风格是用材厚重，雕琢烦琐，华贵富丽，造型稳重，极尽装饰之能事（图5-16）。特别是宫廷家具，利用各种手段，采用多种材料、多种形式装饰家具，豪华到令观者瞠目结舌的地步，不免让人感到矫揉造作，匠气和雕琢气过重，失去了古代家具设计伦理中应有的精神。

第二节　经世致用的设计观

经世致用是中国古代文化的一个重要内容。李泽厚先生说："先秦各家为寻求当时社会大变动的前景出路而授徒立说，使从商周巫史文化中解放出来的理性，没有走向闲暇从容的抽象思辨之路（如希腊），也没有沉入厌弃人世的追求解脱之途（如印度），而是执着于人间世道的实用探求。"[1] 他认为中国人把"一切都放在实用理性的天平上加以衡量和处理……这种理性具有极端重视现实实用的特点，即它不在理论上去探求讨论、争辩难以解决的哲学课题，并认为不必要去进行这种纯思辨的抽象，重要的是在现实中如何妥善的处理它"。[2]

中国传统的经世致用思想闪耀着一种理性的光辉，这种理性的精神与态度，具有极端的重视实用的特点。经世致用观念的形成，从现实的根源来看，是源于以农为本的经济体制。农业文化要面对严峻的自然环境，人们在劳作中，靠天吃饭，习惯于为日常之用参与现实的营造。人们的生活理想是期盼上天风调雨顺，希望自己过着安宁、富足的生活。所以，这样的生活方式造就了中国人一种重视实际、关注人事、面向现实、重视人生的务实的民族性格。从思想的根源看，经世致用的思想观念是受到儒家讲求修身、齐家、治国、平天下，强调实用主义价值观的影响。除此之外，中国人的宗教意识淡漠，中国的宗教源于自然崇拜和祖先崇拜，即使在远古的神话传说中也没有超越人间的神的形象，而是充满了对祖先才能与品质的歌颂，如女娲补天、后羿射日、燧人氏钻木取火等等。中国的神话传说中的神即是人，是神人同一，神没有超越和凌驾于人之上。作为无神论的民族，表现出重视现实，遵从生活经验的民族特性，正因如此，也就决定了中国传统设计造物活动讲求实用性与经验性。

一、古代家具设计对"人"的用物需求的满足

中国历史上从晏子、管子等开始，存在着一种相对统一的思想，即以实用的观点来看待事物。直到清代，"经世致用"思想的提出，依然是这种实用的传统观念的延续与体现。韩非子认为真正美的东西是实用的、善的，有利于国计民生。美与善是等同的，善的最基本的要求是使人能生存，能生活得更好，因此它必然是具有功能性的、实用的。汉代在"以人

[1] 李泽厚. 中国古代思想史论 [M]. 合肥：安徽文艺出版社，1994：301.
[2] 李泽厚. 中国思想史论 [M]. 合肥：安徽文艺出版社，1999：35.

为本"的思想下，注重实用和功能，世俗生活的实际需要，成了生活日用压倒一切的标准。汉代王符曾提出"以致用为本"，他说"百工者，以致用为本，以巧饰为末"，[1]将"致用"放到第一位，而认为装饰是无足轻重的，仅是细枝末节的，强调器物首先要适用，否则就不成为器。北宋理学家邵雍提出"以物观物"，倡导回到物本身，要重视器物本身的使用功能，这一思想使器物的设计更趋于功能化，摒弃多余的虚饰，使造物回到最根本的目的上。明代的王艮提出了"百姓日用即道"的思想，从造物的角度承认了人对物质的需求，这一思想为明代中后期的设计奠定了基础。文震亨在《长物志》一书中提出工艺造物的首要目的是实用，这是衡量设计价值的根本标准。

古代家具作为日常生活中为人所用的器物，它是经过设计者的精心创造而生成的合目的、合规律的物质形态。家具造物行为的目的与追求也只有在家具被使用的过程中才得以完满，也只有在实际使用中才能真正实现它的价值。古代家具的设计行为源自用物的需求，使用者对物的需求是设计制造行为展开的动力，古代家具设计过程中所追求的是"以人为中心"的对用物需求的最大满足。中国古代家具设计在面对人与物的关系时，始终将人放在主体的位置上，人是物的主宰，物是为人所用，为人服务的，这一思想在具体的设计制作过程中表现为对家具物质功能与精神功能相统一的追求。

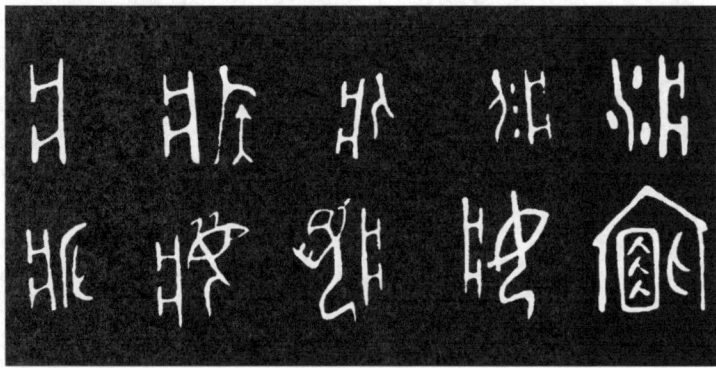

图 5-17 甲骨文、金文中与床有关的字（选自李宗山《中国家具史图说》）

古代家具与传统的生活方式息息相关，我们的民族是席地而坐的民族，所以，从一开始就形成了矮型的家具设计。从商周时期的青铜器中，我们看到了像俎、禁这样代表着后世几、案、桌、箱、橱的母体形象，以及从出土的甲古文中可以推测出当时被广泛使用的床和几的家具形象（图 5-17）。春秋战国时期，生产力的提高促进手工业的发展，髹漆工艺已达到相当的水平。木工工具的发展，使各种榫卯结构如燕尾榫、格肩榫、凹凸榫等在家具造物中广泛运用。直到汉朝时期，床、几、案、衣架、榻等家具都很低矮，汉代的几、案有合而为一的趋势，几面逐渐加宽，既供凭依之用，又能放置东西，一物多用。汉代画像石中，还可见

---

[1] 高丰. 中国器物艺术论 [M]. 太原：山西教育出版社，2001：26.

双层几，即大几之上再放置一小几，构成双层几的造型，这样可以放置更多的东西，而且几的高度也增加了，形式变化更丰富。床的用途扩大到日常起居与会见宾客，既有一人坐的榻，又有睡觉用的大床，床的侧面或后面围有屏风，几案放置在床前，也可置于床上，形成了以床为中心的生活方式。东汉灵帝时，胡床的传入渐渐改变了传统的起居方式。汉代家具还处

图 5-18（汉代）画像中高足案

图 5-19（汉代）双层几

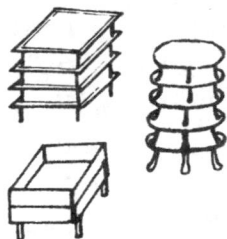

图 5-20（汉代）高足案

图 5-21（汉代）加垫凭几

图 5-22（汉代）墓中的床前几

图 5-23（汉代）画像中的家具形态

图 5-24（东汉）石榻

图 5-25（汉代）墓壁画中的合榻

图 5-26（汉代）画像中的床榻

图 5-27（汉代）画像中的长方柜

图 5-28（汉代）画像石中的折叠式凭几

图 5-29（东晋）顾恺之《洛神赋图卷》独坐榻形式

（以上选自李宗山《中国家具史图说》）

图 5-30（东晋）墓圆案和漆案

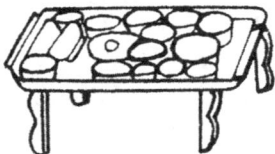

图 5-31（魏晋南北朝）三足
抱腰式凭几

图 5-32（北魏）宁懋石刻中无屏
坐榻

图 5-33（北魏）司马金龙
墓屏画中的坐枰

图 5-34（北魏）石刻线画中的榻床和斗帐

图 5-35（北齐）《校书图》长榻

图 5-36（魏晋南北朝）床榻形式

（以上选自李宗山《中国家具史图说》）

于我国古代家具的肇始阶段，具有质朴、实用的明确特征（图5-18—图5-28）。

魏晋南北朝时期（图5-29—图5-38），各民族大融合使得各民族的家具互相渗透和吸收，出现了各种形式的高坐具，如方凳、筌蹄扶手椅等，床榻也开始增高。中国家具形式大变革的时期是隋唐到五代（图5-39—图5-53），唐代家具正经历着自古以来的席地而坐到垂足而坐的过渡阶段。隋唐时期，家具制作出现崭新的阶段。家具逐渐向高型、成套化发展，其种类也自然增多，唐代家具的品种，有几、案、箱、柜、椅、凳、床、榻、笥、屏风、桌等。案逐渐升高和加大尺寸，以适合书写之用，《孟光举案》上说"以玉案行文书"。唐代的屏风比较讲究，制作精巧，屏风在唐代相当盛行，为了适应起居、会客、宴饮等不同要求，改变室内布局，常利用屏风将室内空间按需要重新分割，因此屏风不但是家具，也成为一种具有装饰性的建筑物轻质活动隔断。

宋代是中国古代家具定型的时期（图5-54—图5-57）。家具的结构变化还受到当时木结构建筑技术的影响。宋代家具整体造型多以直线构成，梁柱式框架结构取代了隋唐时期的单一壶门结

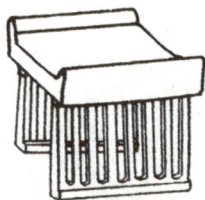

图 5-37（魏晋南北朝）瓷案和新型腰鼓墩

图 5-38（西魏）绳床

图 5-39（隋）墓壁画中床榻

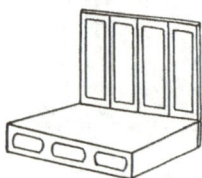

图 5-40（唐代）带屏坐榻

图 5-41（唐代）坐榻

图 5-42（唐代）高足坐具

图 5-43 唐墓《野宴图》中桌凳

图 5-44（唐代）高桌和绳床

图 5-45（唐代）绘画中的雕花机子

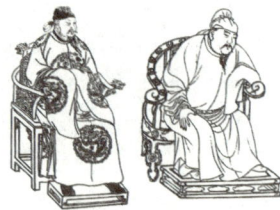

图 5-46（唐代）唐太宗像和唐玄宗像

（以上选自李宗山《中国家具史图说》）

图 5-47（五代）周文矩《宫中图卷》中的圈椅和圆凳（选自金维诺《中国美术全集》）

图 5-48（五代）周文矩《重屏会棋图》（选自金维诺《中国美术全集》）

图 5-49（五代）顾闳中《韩熙载夜宴图》中家具陈设（选自《中国美术全集》）

图 5-50 唐至五代花几和香几

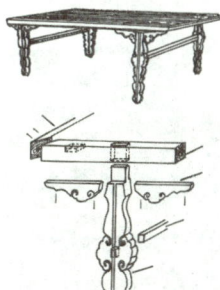

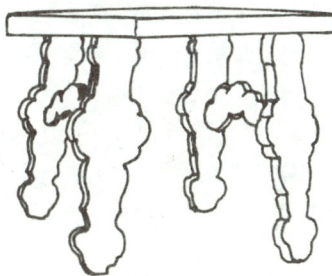

图 5-51（五代）雕花木榻及结构　图 5-52（五代）雕花木几　图 5-53（五代）雕花木杌

（以上选自李宗山《中国家具史图说》）

图 5-54 河南禹县白沙宋墓壁画《夫妻
对坐图》（选自胡文彦《中国家具文化》）

图 5-55（宋）张择端《清明上河图卷》家具陈设
（选自《中国美术全集》）

图 5-56 宋画《女孝经图》中的坐榻、坐墩和香几（选自《中国美术全集》）

图 5-57 （宋代）桌子和椅子（以上选自李宗山金维诺《中国家具史图说》）

图 5-58 （宋代）《听琴图》中的家具
（选自李宗山《中国家具史图说》）

构。在宋代，形成了以桌子为中心的生活方式，从而构成了中国古代家具的新格局。

桌子在宋代是非常流行的家具，其种类十分多样，有方桌、长方桌、交足式折叠桌、供桌、琴桌等。其中琴桌是弹古琴时专用的，桌子四面饰有围板，下底由两层木板组成，留出透气孔，在功能上使桌子变成共鸣箱，增强了弹琴的音色效果。琴桌造型典雅清静，琴声优美动人，琴与桌相得益彰。琴桌可以说是宋代家具和人文主义结合的精神物品（图5-58）。

明初，社会风气崇尚简朴，家具的设计主要以功能使用为主。到了明代后期，由于社会风气日渐浮华，家具装饰上也趋于雕琢。明代家具的品种和式样都极为丰富，从使用性质上可形成椅凳、几案、橱柜、床榻、台架、座屏等几大类。成套家具的概念也在这时形成，出现了以建筑空间

图 5-59 （明）黄花梨宝座式镜台
（选自王世襄《明式家具珍赏》）

功能划分的厅堂、卧室、书斋等配套家具，这些家具按照不同空间的使用功能分别安置（图5-59）。

如文震亨在《长物志》中就把"以用为本"的思想贯穿始终。《几榻·脚凳》中道："脚凳以木质滚凳，长二尺，阔六寸，高如常式，中分一铛，内二空，中车圆木二根，两头留轴转动，以脚蹴轴，滚动往来。盖涌泉穴精气所生，以运动为妙。竹踏凳方而大者，亦可用。古琴砖有狭小者，夏日用作踏凳，甚凉。"《几榻·榻》写到"榻坐高一尺二寸，屏高一尺三寸，长七尺有奇，横一尺五寸"，这些对于尺寸的具体描写，显示这一尺寸更适合坐而非卧。又如"更见元制榻，有长一丈五尺，阔二尺余。上无屏者，盖古人连床夜卧，以足抵足"，其与今天的生活习惯不同，故"其制亦古，然今却不适用"。再如书橱的尺度应"深

仅可容一册"，"每格仅可容书十册"，这样"以便检取"等。由此可见，明代家具的功能已向细致化、定向化的方向发展了，而家具作为日常居住必不可少的设施，首先应符合实用的标准。[1]

清代家具在结构和造型设计上继承了明代家具的传统，出现了组合柜、可折叠与拆装桌椅等新式家具。清代家具由于受工艺水平的影响及当时文人审美观的左右，较明代家具品种更为丰富。如清初著名戏剧家李渔在《闲情偶记》里，主张桌子要多安抽屉，立柜要多加阁板和抽屉，并身体力行，设计制作了一批既经济实用，又符合美学的家具。李渔在关注生活功用的同时，强调生活日用要讲求审美趣味，要陶情养性。他的设计思想对清代家具风格的形成起到了一定的作用。另有我们今天常见的"多宝格"也是在清代才开始形成的。多宝格是类似书架式的木器，是贮藏珍宝的家具，大部分见于宫廷或官府，民间所谓"大户人家"中也有使用。它兼有贮藏和陈设的双重作

图 5-60 (清) 紫檀嵌珐琅多宝格
（选自朱家溍《明清室内陈设》）

用，是在明代架格的基础上发展起来的新型家具。明代的架格又称"书格"，通常高五六尺，依其面宽安装通长的横板，每格或完全空敞，或安券口和圈口，或设牙板，有的在后背设背板。而到了清代，开始出现了一种用横、竖板（竖板又称"立墙"）将内部空间分隔成若干高低不等、大小有别的架格，这种架格的前后左右做成不同形状的开光，内部空间之间分隔巧妙，错落有致，因它与明代的架格趣味大异，称为"多宝格"（图 5-60）。

中国古代家具设计在"以人为本""经世致用"观念的影响下，强调家具造物对人的最大限度的、最深层次的满足，这种满足不仅体现在家具的功能设计上，还体现在对审美、伦理等精神性的追求上。古代家具设计中，功能设计服务于精神设计的现象占有相当的比重，这就是在处理人与物的关系时，把人放在了社会的人的视角上，把社会对人的需要也看作是设计的伦理规范并引入到家具的形式特征之中，把物质功能和精神功能很好地融入家具这一物化的形式中，所以，古代家具设计造物的过程也是人的伦理追求的过程。

二、古代家具设计中的科学理性精神

中国古代家具设计活动中所显现的科学性是人类认识自然、改造自然和社会实践活动的产物，它是理性的、客观的。中国自古以来在以自然经济为主体的社会形态下，创造了令世界瞩目的农业文明和手工业文明。也许在这种农耕文化背景下所产生的手工业文明在一定程

[1] 邵琦，李良瑾，陆玮，等. 中国古代设计思想史略[M]. 上海：上海书店出版社，2009：134.

度上阻碍了工业社会的发展，可是，我们依然可以看到历史上遗留下来的诸如《考工记》《农书》《天工开物》《齐民要术》等文献所记载的丰富的工艺技术。虽然中国古代家具设计在"以人为本"思想影响下表达出了太多的人文主义精神，但是，在古代家具造物过程中从不缺乏科学理性精神的展现。从设计主体对家具材料使用的把握上，对家具结构的营造中和家具对人的作息习惯的适应等多方面都能感受到古代家具设计制作中的科学性。

（一）对家具材料的科学把握

在对家具材料使用的把握方面，中国人展现了他们的睿智。上文中我们提到过青铜器的冶炼技术，在《考工记》中的《攻金之工》中记载了青铜冶炼中铜与铅、锡的比例配比。青铜是自然的红铜与铅和锡的合金，不同的器物其铜、铅、锡的配比也不同。铜中含锡量在17%—20%时，最为坚韧；在30%—40%时，最为坚硬；铅和锡的成分所占比重越多，青铜则越硬，越脆。这是世界上关于不同用途青铜配比的最早记载。《考工记》中还记载了青铜在冶炼熔铸过程中，对不同火候的辨认与掌握："凡铸金之状，金与锡黑浊之气竭，黄白次之；黄白之气竭，青白次之；青白之气竭，青气次之，然后可铸也。"这是说在熔铜时，所冒的蒸气从黑浊转向黄白，再转向青白，再转向青气时，就可以将铜液浇铸入范了。这些都是古代工匠在青铜冶炼实践过程中的经验总结。

中国古代家具髹漆工艺历史悠久，技艺高超。前文提到了古人善于利用自然界无穷无尽的物质材料，以灵巧的双手、聪明的头脑，制作器物来满足人们物质和精神生活的需要。漆的运用创造了我国灿烂的漆文化历史。中国传统的油漆，泛指中国特有的、天然形成的涂饰材料——油和漆。油是指干性植物油，如桐油、蓖麻油、亚麻仁油等；漆是指天然大漆，即生漆。生漆是不可以直接做漆器的表层漆膜。直接髹刷生漆，必然起皱结疤，干燥大大推迟，而且刷不均匀，膜面会凹凸起伏。生漆没经过过滤（除去树叶、泥石碎屑等影响漆液品质的杂物）、熬制（挥发掉一部分水分，使漆酶可以按合适的比例方式产生化学反应，成块结膜）、入色（将矿物质粉料、化学合成粉料调入熬制好的"熟漆"）等诸环节，无法当作色漆面料。[1] 我国古代制作漆器时，常在漆液中掺入桐油或其他干性油。桐油的抗老化性能不及生漆，但它的油膜质感明显，既具有一定的硬度，又具有很好的延展性和弹性。生漆的产量比桐油低，成本比桐油高，将桐油作为稀释料加入生漆中，既可以改善生漆的性能，又可降低成本。油和漆调和起来正好可以取长补短，物尽其用。优质生漆经过脱水、精滤、掺配熟桐油后可以加工成广漆，广漆又称熟漆、金漆、赛霞漆和罩光漆，其漆膜鲜艳光亮，丰满肉厚。用生漆还可以加工精制成透明推光漆、半透明推光漆、快干推光漆和黑色推光漆等多种。如精制黑色推光漆，可选用色深、质浓、燥性好的生漆作原料。将生漆倒入晒漆盘内，在30℃以上的温度环境中置于阳光下暴晒，并不断用竹片搅拌翻动，数日后其色如酱色，便可加入3%—5%的氢氧化铁，搅拌均匀后再在阳光下翻晒四五个小时，即成黑色推光漆。古代

---

[1] 王琥. 漆艺术的传延——中外漆艺术交流史实研究 [D]. 南京：南京艺术学院，2003：12.

燕尾榫

柱头刀形榫

柱头榫、透卯

对头穿榫

带销钉孔的端头榫

双缺榫

企口板

端头插榫

交柱插榫

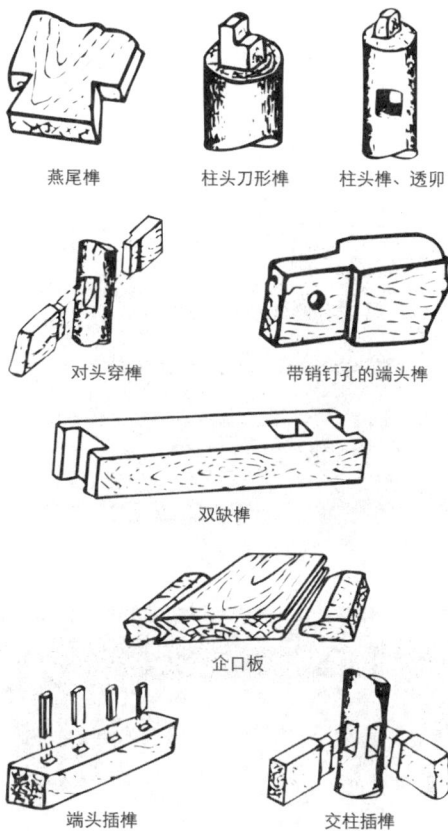

图 5-61 河姆渡遗址木构件榫卯类型
(以上选自李宗山《中国家具史图说》)

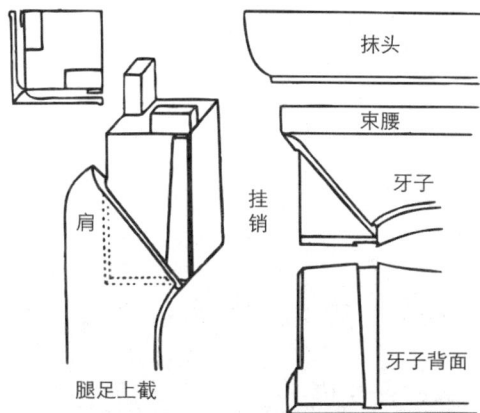

抹头

束腰

牙子

挂销

肩

腿足上截

牙子背面

图 5-62 抱肩榫 (选自王世襄《明式家具研究》)

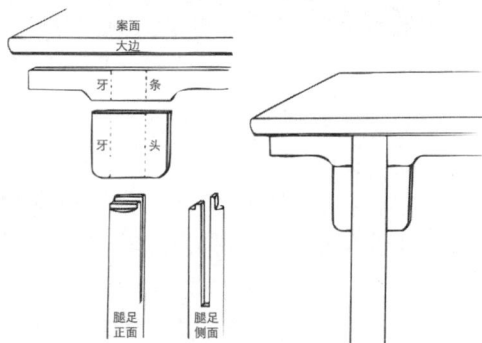

案面

大边

牙 条

牙 头

腿足正面

腿足侧面

图 5-63 夹头榫 (选自王世襄《明式家具研究》)

漆工早在公元前已使用金粉、银粉作为漆器和彩画装饰。金粉、银粉系将金或银经过强酸化学处理，使它成为细粉，或将金箔、银箔放入细箩筒内揉成细粉而得。金粉、银粉涂在器物上可保护器物表面不受大气侵蚀，且可以增加其富丽堂皇的感觉。[1] 可见古代漆工艺具有极高的化学和手工技术含量。

（二）对家具结构的科学营造

在古代家具结构的营造中，科学合理的榫卯设计可谓是古代家具散发永久魅力的重要因素之一。中国古代家具的榫卯结构举世闻名。榫卯是木与木之间相互连接的一种结构形式，浙江余姚河姆渡遗址中出土了一批木构建筑遗迹和遗物（图 5-61），其中很多木料的加工遗迹和榫卯形式仍清晰可见，说明中国早在新石器时代就已有多种榫卯结构方式。这种结构不

---

[1] 俞磊，高艳. 中国传统油漆髹饰技艺 [M]. 北京：中国计划出版社，2006：41-52.

仅运用在中国传统建筑上，它同时也是中国古代家具的主要结构方式。在古代家具中，有数十种甚至上百种不同的榫卯形式，如格角榫、明榫、闷榫、通榫、抱角榫、托肩榫、勾挂榫、燕尾榫、龙凤榫、银锭榫等。古代家具中结构的科学性展现了中国古代工匠的聪明才智（图5-62、图5-63）。

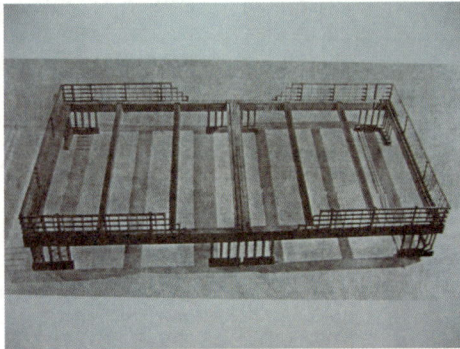

图5-64 荆门包山2号楚墓的折叠床（选自李宗山《中国家具史图说》）

春秋战国时期，楚式髹漆家具的繁荣开创了漆木家具的新时代。其中在荆门包山2号墓出土的漆木床是现知时代最早、最完美的折叠床（图5-64）。床身分左右对称的两部分，形制大小完全相同，每部分都接近正方形，有四边框架和两条横向的方木床栿构成。床侧边的两端有方形卯孔，在距两端各约23厘米的部位，上下凿出错向扣合的

图5-65 长沙马王堆3号汉墓中的高低两用几
（选自胡文彦《中国家具文化》）

双缺榫（又称龙凤榫），上边内侧凿有浅槽，外侧凿有等距离分布的31个床栏插孔，插孔内侧还有两个较大的栏柱孔。床侧边与床之前后通过铰合方式连接（即可以转动的单层接口），铰口的外端为方形榫头，与侧边的方形卯孔套接；另一端直接成为床的前后半边，并以搭边榫形式与床中间的过梁相结合。从床面及其与窗栏、床足的结合方式看，除较多地使用方榫、圆榫插接和槽榫、扣榫嵌接外，活动构件的铰接、双缺榫的使用以及明暗销钉榫的巧妙攒接等是这一时期榫卯结构的新发展。而在两半边床身做好以后，还要通过将一边过梁的钩状栓钉勾入另一边过梁卯孔中的方式来将两部分床身组合起来。在长台关1号楚墓出土的漆木床，其部件结合方式上除使用了传统的穿榫、扣榫、搭边榫和暗榫纳接外，还采用了比较先进的圆榫穿带、圆榫交角、落槽榫和楔钉榫等，整个床体造型稳重，色调鲜明，制作工艺十分精美，在同类家具中艺术与相当成熟的发展形态。[1]

[1] 李宗山. 中国家具史图说 [M]. 武汉：湖北美术出版社，2001：94-95.

楚国的楚式家具对后世家具的影响深远。在马王堆 3 号汉墓出土过一件结构新颖的高低两用几（图 5-65）。该几配有一高一矮两套足。高足适合凭倚，矮足适合盘坐或跪坐。高、矮足每端各两条，另有一条可随时加长或缩短的活动式中足。高足与几面和足座之间亦可随时拆卸，使用时将中足加长，置于两长足之间，从而形成每端三栅足的结构形式；长足不用时可以收到几面之下，此时将中足加长部分拔出，再安于矮足足座之上，便又形成矮式三栅足形式（矮足固定于几面和另一对足座之间，这对足座下面居中挖作夹槽榫，由长足足座中间的穿轴卡住，若使用长足时，矮足足座便自然抬起）。[1] 这种凭几在当时是一种新的形式。

魏晋南北朝时期的家具吸收了建筑台基和佛像须弥座的造型结构，创造了新的家具支撑构件。隋唐五代时期，家具的腿与面之间加有牙子和牙头，在结构上吸取

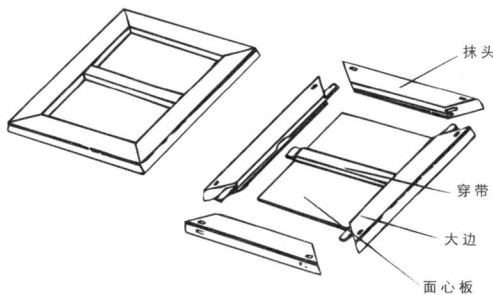

图 5-66 攒边打槽装板（选自王世襄《明式家具研究》）

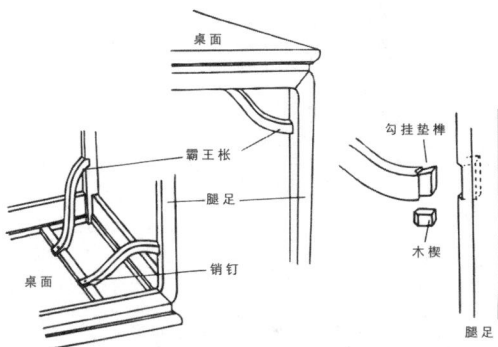

图 5-67 霸王枨（选自王世襄《明式家具研究》）

了中国建筑大木构架的做法，形成框架式结构。到了宋代，家具的框架结构取代了壶门结构。柜、桌等较大的平面构件已采用格角榫和"攒边"的做法，即将薄心板贯以穿带嵌入四边框中，四角用格角榫攒起来，从而科学地解决了大面积板面的缩胀变形的问题，而且还起到了装饰作用。元代家具中案形结构的桌、案，侧面开始有牙条的安置，出现了罗锅枨、霸王枨及高束腰等新制法，使结构更趋合理。

明清家具结构在宋元的基础上又进一步改进和发展。各部位的有机组合既提炼到简单明确，合乎力学原理，又十分重视实用与美观。王世襄先生认为，古代家具结构有几个特点，这些特点集中表现在明及清前期的家具上，即以立木作支柱，横木作联结材，吸取了大木构架和壶门台座的式样和手法。跟房屋、台座一样，家具的平面、纵的或横的断面，除个别变体外，都作四方形。四方形的阶梯是可变的、不稳定的，但由于古代家具使用了"攒边装板"（图 5-66）、各种各样的枨子、牙条、牙头、角牙、短柱及托泥等等，加强了结点的刚度，迫使角度不变，将支架固定起来，消除了结体不稳定的缺憾，同时还能将重量负荷，均匀而又合理地传递到腿足上去。各构件之间能够有机地交代联结而达到如此的成功，是因为那些

[1] 李宗山. 中国家具史图说 [M]. 武汉：湖北美术出版社，2001：148.

互相避让、但又相辅相成的榫子（南方叫"榫头"）和卯眼起着决定性的作用。[1]

如霸王枨（图 5-67）与腿足及面子的结合。桌几四腿之间不用构件连接，而设法把腿足和桌面连接起来，这样使桌面下有足够的腿足活动的空间，把腿与面子联结起来，可以将面的承重直接分摊到腿足上。介于桌面底与立腿之间的霸王枨，上端托着桌面的穿带，用销钉固定，下端撑在腿足中上部，使用勾挂垫榫。枨子下端的榫头向上勾，形成半个银锭形。腿足上的榫眼下大上小，而且向下扣。榫头从榫眼下部的大口处插入，向上一推，便勾挂住了。下面的空隙再垫木楔，枨子就被卡住，拔不出来了。这种半隐式的支撑，既简化了家具外观的造型，又不失其结构的力学强度，并以其高弓背的拱顶形式，衬托出家具体态挺秀的稳定感。

制作家具时，如桌或案用推插的办法把两块板拼拢，匠师们称为"龙凤榫"（图 5-68）。这样可以加大榫卯的胶合面，防止拼口上下翘错，拼板也不会横向拉开。为了进一步防止拼板弯翘，在拼板的横向还加上"穿带"，即穿嵌的一面凿有梯形长榫的木条。

最独具匠心的是用于凳、椅、桌面和柜门

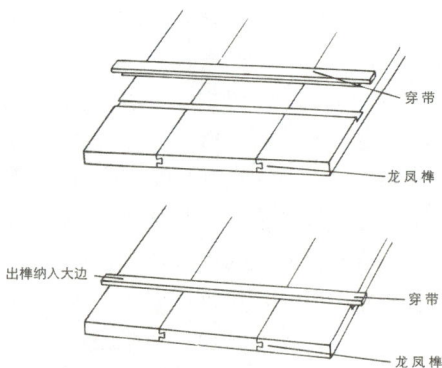

图 5-68 龙凤榫加穿带（选自王世襄《明式家具研究》）

图 5-69 （明）黄花梨无束腰长方凳
（选自王世襄《明式家具研究》）

等部件的格角榫攒边嵌板结构。它是木材使用的一项成功的创造。这是一种把贯以穿带的板心嵌入四周有道槽的边框中，边框四周用格角榫攒起来的构造做法。模板装入四框，并不完全挤紧而留有余地，这样可以适应面板木材的胀缩变形，装板的木框攒成后，与家具其他部位联结的不是板心，而是用直材造成的边框，伸缩性不大，能使整个家具结构稳定坚实，不受面板胀缩的影响，这种结构不外露木材的截面横纹，外露的都是纹理优美的纵切面。此法是一种精巧美观、经济、科学合理的造法（图 5-69）。

在中国古代家具的结构上，有一类极其细小但又很重要的零件，即各种楔子、竹钉、销子及砛（图 5-70、图 5-71）。楔，主要是胀紧榫卯间隙使之牢固的装置。钉，主要是锁定半榫不使其脱落的装置。销，主要是固定相邻两顺纹理部件位置，同时又可使其间保留一定

---

[1] 王世襄. 明式家具研究 [M]. 北京：生活·读书·新知三联书店，2007：228.

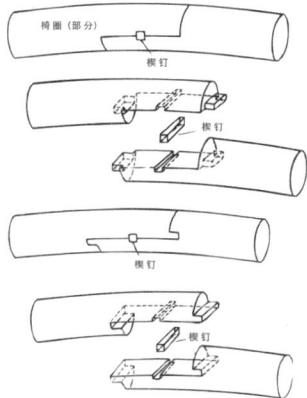

图 5-70 楔钉榫
（选自王世襄《明式家具研究》）

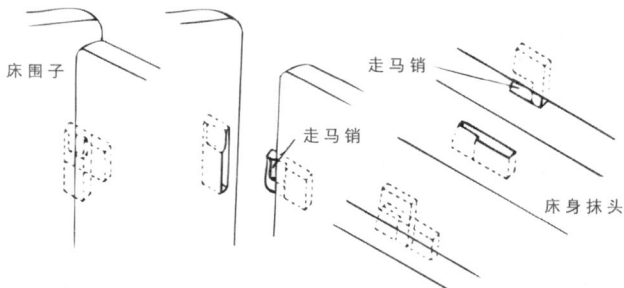

图 5-71 走马销（选自王世襄《明式家具研究》）

的活动余地。砦，主要是界定部件的活动范围及方向的装置。[1]中国古代家具基本不用金属钉，因铁钉除日久锈损外，还会腐蚀污染木材，所以一般用竹木钉。有的明式家具通身无一处透榫，也不施胶，只是在几个关键部位用三两枚竹钉来固定，历经数百年后依然完好如初。这就是中国古代家具层层互锁、层层制约的神奇的结构特性。

中国古代家具有别于西方家具的最大特点之一，即采用精巧准确的榫卯结构将家具的各部件紧密组合连接在一起，成为结实牢固的一个有机整体。中国古代家具中的榫卯结构设计科学合理，充分反映出中国古代木构技术的高超水平。榫卯结构中榫与卯的阴阳相契，更引申出阴阳平衡、自然和谐的深刻哲理。

（三）对人体工学的初步运用

中国古代家具设计中能够遵循科学的规律，适应人们的作息习惯，已初现人体工学的端倪。《考工记》中论述："凡察车之道，欲其朴属而微至。不朴属，无以为完久也；不微至，无以为戚速也。轮已崇，则人不能登也；轮已庳，则于马终古登阤也。故兵车之轮六尺有六寸，田车之轮六尺有三寸，乘车之轮六尺有六寸。六尺有六寸之轮，轵崇三尺有三寸也，加轸与轐焉，四尺也。人长八尺，登下以为节。"他们提出车轮高度应该适中，太高则不利于使用者登车，太低则会使拉车的马感到吃力，其精确程度已达到以寸为单位的计量。从中可以看出，古代匠师在造物时充分考虑到人体工程学的因素，体现了"以人为本"的思想。

古代家具的形制取决于它所适应的生活方式。唐代之前的起居方式基本是以席地或床榻平坐、盘坐和跪坐为主，人在席地坐时，身体的重力重叠，受压部分过于集中，为了保持平衡，人体会向前倾，背部肌肉负荷增大，腰部容易劳累，且这种坐姿也不便于起坐。因此，用于凭依的凭几、隐囊等家具应运而生，在这一阶段使用相当普遍。这类凭靠用具多以轻便简洁为特点，它们能有效分散人体的重力，使身心得以放松。几的高度与人的坐姿相协调，一开始的几是平面直板的，后来发展成曲面的，使人的形体与家具更加贴合（见图5-72）。西汉时期又出现了高低两用彩绘漆凭几，该几配有一高一矮两套足，高足适合跪立扶持，多用

---

[1] 张德祥. 中国古代家具上的楔钉销砦 [J]. 收藏家，1997，23（3）：56-62.

于比较正式的礼仪、公共场合，矮足适合盘坐或跪坐，多用于家内闲居或批阅文牍等。这种几可以适应不同坐姿的需求，一物多用。魏晋南北朝时期的三足抱腰式凭几（见图5-31），几身作扁圆半环形，两端与中间分别有一兽蹄形足，三足均外张，使着力重心落在了一个三角形支点上，十分符合力学的形体稳定原理；凭靠时亦可以随时调整身体姿势，不至于产生疲惫感。

这一时期俎和案的高度也适应人的坐姿需求。两汉时期人们为了适应日常席地而坐和承托方便，制作低矮有拦水线防止汤水外溢的案。唐代以后垂足而坐的起居方式便率先在宫廷、都市中流行开来，并很快向周围地区扩展。到晚唐五代时期，高足家具已普遍为汉民所接受，这样，以桌、椅、凳为代表的新型家具逐渐取代了床榻的中心地位。两宋时期是中国古代家具定型的一个重要时期。高型家具在日常生活中逐渐占据统治地位，家具品类也日趋丰富。明代人们讲究世俗生活，所以家具不论是细节设计，还是尺寸比例都充分注意符合日常生活的实用要求，使家具成为人们日常生活中必不可少的物质器具。

明式家具关键部位的尺寸基本上以人体各部位的尺度为依据，经过仔细推敲而确定，富于科学性。家具整体的长、宽、高，整体与局部、局部与局部之间的比例权衡都非常适宜。《鲁班经匠家镜》一书中对各门类的家具制作逐一作出规定。如桌，"高二尺五寸，长短阔狭看按（案）面而做"。又如校（交）椅式，"做椅先看好光梗（硬）木头及节，次用解开，要干枋才下手做。其柱子一寸大，前脚二尺一寸高，后脚式（三）尺九寸三分高，盘子深一尺二寸六分，阔一尺六寸七分，厚一寸一分。屏，上五寸大，下六寸大，前花牙一寸五分大，四分厚。大小长短依此格。"[1] 其他还有衣橱样式、案桌式、板凳式等，均详细记载了具体尺寸和做法。

明式家具中的靠背椅，经过专家的测绘，得知此类椅子的各项尺寸与现代椅子几乎完全一样。这反映出明式家具在确定各种关键尺寸时已掌握了相关的技术和经验。如人体脊

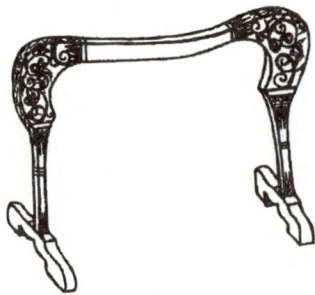

图 5-72 楚几
（选自李宗山《中国家具史图说》）

图 5-73 （明）黄花梨四出头官帽椅
（选自王世襄《明式家具珍赏》）

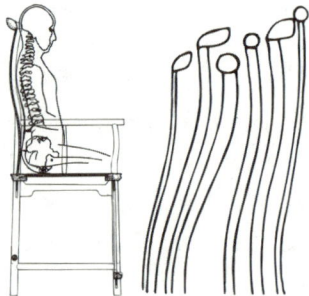

图 5-74 明清家具靠背曲线变化
（笔者绘制）

[1] 王世襄. 明式家具研究 [M]. 北京：生活·读书·新知三联书店，2007：365-372.

柱的侧面在自然状态时呈"S"形。根据这一特点，将靠背做成与脊柱相适应的曲线，并根据人体休息时的必要后倾度，使靠背有近 100° 的背倾角。这样，人坐在上面时后背与椅子靠背有较大的接触面，因而会感觉较舒适（图 5-73、图 5-74）。

明式家具中的椅子，其座面高度和宽窄也会根据具体的陈设环境和使用方式而合理设计。如书桌、案、饭桌、琴桌的高度不同，与之相配的椅子便要经过反复推敲，为了调节人体的坐姿，也为了避免椅子前面摆放足承带来的不便，匠师们在设计中把椅座下面的前枨放低并加宽，可以搁脚，从而巧妙地解决了问题。在椅子座面的处理上，明式家具多采用上藤下棕的双层屉子做法，使座面具有一定的弹性，人坐上去能形成良好的压力分布状况，即便久坐也不易感到疲劳。这种设计堪称明代匠师的一大创造。

我们不能笼统地说中国古代家具的设计都是科学合理的，但至少可以看到中国古代家具设计中具有科学性的闪光点。从古代家具中我们可以看到中国古代科技的发展，可以看到家具造物对于人的关怀，它不仅表现在对人的使用需求的满足，还要满足人的审美需求。另外，处理好家具本身局部与局部、局部与整体的协调关系，解决好家具的形体结构、转折、过渡、收口等一系列的细节问题关系到家具的品质，也是对人的尊重。对于细节的斟酌与把握是家具制作的关键，这种精益求精的设计精神不仅是古人所追求的，更应该是现代人所追求的。

中国的伦理观与审美观是建立在统一经济基础上，又在同一哲学思想指导下的两种意识形态，它们之间虽有矛盾和冲突，但总体是和谐统一的。伦理与审美的统一是以伦理为核心的。中国传统美学崇尚人与自然的和谐，崇尚中和，以中和为最高的审美理想，注重情与理的统一，天与人的和谐，美与善、文与质的关系，这一点在古代家具造型、装饰、结构、家具陈设等诸多方面都得到了体现。

第六章

古代家具设计的审美伦理意蕴

第一节　尚中的审美理想

中国人的宇宙观是一种冲虚中和的系统，贵中尚和是儒家、道家和禅宗共同的人生理想。正因为如此，从而决定了中国传统的审美理想是崇尚中和。贵中尚和的审美理想，主要表现在人与自然、主体与客体的和谐，情与理的统一等方面。在前文我们已经谈到古代家具在设计造物过程中如何利用和开发自然资源，强调人与自然保持和谐的平衡状态；还提到古代家具设计是感性与理性的统一，在追求物质性的实用功能同时，也不放弃对精神性的审美与伦理功能的追求。所以，中国古代家具设计是实用、审美与伦理的统一，既注重实用，又不失精神性的追求。

一、古代家具文质彬彬的和谐美

孔子以仁释礼，对于"礼"的内容是既强调本质内容，又重视外在美的形式。他提出"文质彬彬"的思想，对中国设计艺术产生了深远的影响。在《论语·雍也》中，孔子说："质胜文则野，文胜质则史。文质彬彬，然后君子。""质"是指事物的本质，可以引申为器物的本质内容、材质功效，有时还可看成是道德品格；"文"主要指外在的形式美，可以引申为器物的造型样式、色彩花纹的装饰等；"彬彬"是指配合恰当，和谐之意。如果只注重"文"，就会极端追求器物外观的华美，而忽视了器物的功用，变得徒有其表，无使用价值；如果只注重"质"，就会只考虑器物的实际功能，而不进行必要的修饰，毫无美感可言，将会倒退回原始社会。只有"文"与"质"的统一才是一种完美的状态。孔子的文质观，在本质上也体现了"中和之美"的思想。

韩非子认为美善等同，美即形式，善即功能。善最基本的要求是使人生存，生活得更好，因此它必然是功能性的、实用的。美只有附着在器物的实用功能上，才具有真正意义的上存在。《吕氏春秋》提出"和出于适"，这一思想是将"文质彬彬"与"大巧若拙"的设计思想融合在一起的产物，认为过分装饰是不"适"的体现。"和出于适"就是在造物过程中要顺应自然，体现与自然相协调的美感，讲求实用，这是设计者应该追求的"适"的境界。

刘昼提出了先质后文的思想。《刘子·言苑》中有这样一段话："画以摹形，故先质后文；言以写情，故先实后辩。无质而文，则画非形也；不实而辩，则言非情也。红黛饰容，欲以为艳，而动目者稀；挥弦繁弄，欲以为悲，而惊耳者寡；由于质不美也。质不美者，虽崇饰而不华；曲不和者，虽响疾而不哀。理动于心，而见于色；情发于中，而形于声。故强欢者，虽笑不乐；强哭者，虽哀不悲。"整段话所强调的是"先质后文"，把质美放在第一位，形式美放在第二位，质美曲和，方能动目惊耳，这是很合理的。内容比起形式来，其对

图 6-1（西汉）鱼形扁壶
（选自李学勤《中国青铜器概说》）

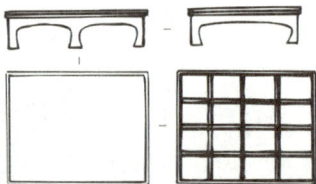

图 6-2 长沙马王堆 1 号汉墓的双层九子
奁（选自李正光《汉代漆器艺术》）

图 6-3 南京北园东晋墓的独坐榻
（选自李宗山《中国家具史图说》）

于一件事物的意义，自然是不能等同视之的，刘昼提出质美的第一位又排斥形式美的思想，是很有见地的。[1]

"美善相乐""文质彬彬"即美观与实用的相得益彰，功能与形式和谐统一的造物主张一直是中国传统设计文化所追求的。美与善、文与质的和谐统一也是中国古代家具设计所追求的。以汉代家具为例。汉初以黄老之术治国，至汉武帝"罢黜百家，独尊儒术"，儒家主张"以人为本"，重视人的生命的和谐发展，这一思想成为其后两千年人们尊奉的圭臬。所以，设计中把"质"置于文质关系的显要地位，提出循"质"而进，"先质而后文"，从而达到"文质兼备"的目的，即呈现崇尚实用同时又重装饰的特点。以汉代青铜器为例，虽然这一时期不是青铜制作的顶峰，但却因为设计创作了大量新的实用品种（图 6-1），从而在青铜设计史上占有一席之地。在汉代，传统的青铜器只保留了鼎、壶等较为实用的造型，而熏炉、酒樽等，尤其是铜镜、铜灯达到了一个造物的新高潮，这些造型都具有优越的实用功能。在铜灯、熏炉等器具制作工艺上，仍具有"错彩镂金"之装饰美。再有湖南长沙马王堆 1 号汉墓出土的双层彩绘贴金九子奁（图 6-2），堪称汉代妆奁的代表作。这件双层九子奁，奁盖和奁壁为"夹纻胎"，上、下两层奁底为斫木胎，上层奁中放有手套、丝巾、组带、镜衣等，下层奁底板上凿有九个凹槽，槽内嵌置九个不同造型的小奁、外奁和九个小奁，在造型上虽然大小不同，形状各异，但却有统一的风格，具有强烈的整体化、统一化、系列化的美感；此奁表面装饰主要以黑褐色漆为地，漆上贴金箔，金箔上以金、白、红三色油彩绘云气纹，其余部位髹红漆或绘以几何纹，奁体通高 20.8 厘米、直径 35 厘米。这套九子奁从设计、制作到装饰均极具匠心，大小奁盒件件工艺精美，充分展示了秦汉时期我国漆器制作和装饰工艺的惊人技巧。[2]此器物是文质兼备的经典之作。

魏晋南北朝动荡不安的三百多年里，由于佛教的传入，中国固有的传统文化得以广泛吸

[1] 邵琦，李良瑾，陆玮，等. 中国古代设计思想史略 [M]. 上海：上海书店出版社，2009：81.
[2] 李宗山. 中国家具史图说 [M]. 武汉：湖北美术出版社，2001：149.

收营养，注入新鲜血液。玄学的盛行，其最重要的价值在于显示人的自觉意识，突出个人的存在价值，这对于哲学与美学等领域产生了深远的影响。这一时期家具设计注重实用，简洁干净，装饰较少，显现出秀骨清相、俊雅飘逸的风格。如从南京大学北园东晋墓出土的陶坐榻模型可见一斑（图6-3）。榻面四周有一圈棱线，以便使榻上铺设不易滑落；榻面侧边有一周凹槽，类似漆木榻的束腰；榻背面有托枨，纵横交错组成方格式框架。榻前后各三足，足与足之间形成简洁的壶门洞。榻体小巧稳重，表面尚有髹漆痕迹，以增加榻的仿真性。

宋代家具一般以实用为主，装饰较少。家具设计在立足功能的基础上，点缀以恰当装饰，虽然少数也有烦琐装饰，但在总体上偏于简洁纤秀，而且宋代家具的装饰已逐渐与结构部件结合起来，使装饰与造型紧密结合，这为明式家具的繁荣奠定了基础。例如两宋时期的虞寅墓壁画中的花几，几下有六条"S"形足，足上部外鼓，下部内收成束腰状，足下端外卷上翘，其间饰以如意花边，整体造型高雅别致（图6-4）。

对"文质彬彬"这一思想诠释得最为完美的当属明式家具。明式家具大多从实用角度出发，根据人们日常生活的需要确定结构和造型，在此基础上再进行恰当的修饰，达到使用功能和造型艺术的完美结合。

明式家具品类齐全，数量繁多，注重实用功能。它的实用性体现在追求合理的造型和结构，根据人体尺度经过细致推敲，家具尺寸比例恰当，从而给人以"体舒神怡"的使用美感，从今天的设计角度来看，有不少具有高度的科学性和顽强的生命力。明式家具独特的实用匠心除了体现在尺度的科学运用上，还体现在家具微妙细节的处理上，如桌面边缘上做出的高于面心的一道"拦水线"用以防止汤水流下桌沿。翘头案（图6-5）面板两端上翘的造型不但使造型富有变化，更有助于挡住堆积的卷轴往两端滚落。这种细节处理来自文人、工匠对日常生活的关注。

明式家具在装饰方面善于提炼，精于取舍，把家具的装饰艺术提高到了前所未有的高度。家具线形变化十分丰富，主要施于家具的腿足、边框及枨子等部位，通过平面、凹面、凸面、

图6-4 （宋）花几
（选自李宗山《中国家具史图说》）

图6-5 （明）黄花梨夹头榫翘头案
（选自王世襄《明式家具珍赏》）

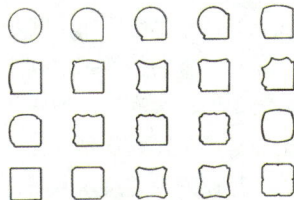

腿足线脚举例（圆、方类断面）

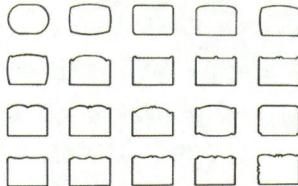

腿足线脚举例（扁圆、扁方类断面）
图6-6 明式家具腿足线脚
（选自王世襄《明式家具研究》）

图 6-7 （明）黄花梨有束腰矮桌展腿式半桌（选自王世襄《明式家具珍赏》）

阴线、阳线的搭配组合，形成千变万化的几何形断面（图 6-6），达到悦目的装饰效果。如冰盘沿线脚的变化，腿足方面的线形变化，还有腿形上的变化，常见的有三弯腿、鼓腿彭牙内翻马蹄、外翻马蹄、卷珠足、卷书足等等。明式家具中很多结构部件也巧以装饰，与家具造型浑然一体，有机统一。这也是明式家具装饰的特点之一。雕刻是明式家具的主要装饰手法，有阴刻线条、浮雕、透雕及圆雕等多种，雕饰部位多在座椅的靠背板和各式牙条、牙头以及构件的端部。这种点缀装饰在适当部位的小面积雕饰常能以少胜多，其工精意巧的装饰效果格外引人注目，这与文人的审美趣味是分不开的。如黄花梨的圈椅，靠背板浮雕花纹，花纹由螭龙纹和卷草纹组成，既对称又生动，椅面下的券口牙板也雕成卷草纹，形成一种流动之势，与靠背板的纹饰相呼应，整个家具造型流畅，饰与形相得益彰。明式家具中亦会有大面积雕镂制作，如黄花梨展腿式半桌（图 6-7）。桌面下的四周牙板均满雕，桌面起拦水线。束腰造成蕉叶边，起伏卷折。正面牙条浮雕双凤朝阳，侧面牙条浅刻折枝花鸟，角牙雕成龙的形态，足内安灵芝纹霸王枨。看似繁复，却并不显得过于奢华，反而让人觉得柔和妍秀。明式家具还常常运用金属饰件，不仅在功能上对家具起到加固和保护的作用，同时也起到了美化装饰的效果。

明式家具精湛的装饰手法充分整合了造型、结构、用料和工艺等特点，是艺术与技术的有机统一，既有物质功能的实用性，又有精神功能的审美愉悦，汇集了千百年家具艺术的精髓，也是中国家具发展史上一颗璀璨的明珠。作为有机设计的明式家具，追求功能和形式完美结合的最高境界。

二、古代家具与空间环境的和谐

家具是随着人类居室的产生而逐渐产生的，从它诞生之日起，就与居室建筑的材料、结构、风格等有着千丝万缕的联系。杨耀先生在《明式家具研究》中指出："在人类社会中，自从有了盖房子的活动起，就有了做家具的活动。"家具与建筑是不可分割的一个整体。建筑与家具是为满足人们日常居室生活的要求和实现人们追求的特定环境服务的。因此，在长达几千年的历史发展过程中，中国古代家具与中国传统建筑总是保持着高度的一致性，古代家具陈设于室内外空间环境中，无论是家具的风格、品类还是色彩都强调与空间环境的和谐统一。

（一）古代家具的风格与空间环境的和谐

正如家具史学者所说"家具式样是由建筑形式演变出来的"。中国古代建筑以木质梁柱为结构骨架，古代家具也以木柱为支，木梁为架。板面的边框，支柱的拉撑也和建筑木结构方式相同，乃至腿的倾斜、粗细，也如大木构架的侧角和收分。家具在结构上、风格上与建筑紧密结合，从建筑和家具的发展可以看出，古代家具与古代建筑的发展规律是一致的。建筑是表，家具是里，陈从周先生在其《说园》中将家具喻为"屋肚肠"，建筑空间围护着家具，家具补充了建筑空间。家具在建筑空间内占有相当的比重，对空间氛围的塑造起着重要作用。自古以来，家具就被艺术化以表达某种思想和含义，它们赋予空间某种观感，构成空间的情感氛围。通常，建筑学意义上的好建筑会拥有与建筑精神气质相应的室内设计、装饰装修和家具设计，以形成一致的内涵。[1] 例如厅堂家具绝不会用到水轩里，也不会有哪家的议事厅里摆放两排轻巧的竹藤家具。《红楼梦》中宴乐的藕香榭，从几案到杯盘俱作荷叶之形；稻香村的家具却都是乡村风味；湘云醉眠的石条在芍药圃旁、太湖石侧；袭人赌气躺的妃子榻，只是在房间里的。苏州园林海棠春坞的庭院里以海棠为主卉，家具即是从铺地、窗棂之式，皆作海棠样。拙政园的扇厅"与谁同坐轩"，建筑平面是扇形，里面窗、灯、案、凳皆做扇形。[2] 与建筑空间的和谐是古代家具设计的一大特点。

明代中期以后，社会经济发达，文化上也呈现出

图 6-8 故宫漱芳斋内景

图 6-9 故宫储秀宫内景

图 6-10 颐和园排云殿西配殿紫霄阁内景
（以上选自王世襄《明式家具珍赏》）

[1] 吴叶红，赵洪. 家具的空间涵义 [J]. 室内设计，2007，67(3)：2-8.
[2] 李敏. 中国古典家具略论 [J]. 家具与室内装饰，2007，96(2)：16-17.

日益繁荣的景象。个人生活水平和文化意识的提高，以及个人与专制政权之间的矛盾，促使息政退思、独善其身的理想融于园林之中，使私家园林在江浙一带兴盛起来，成为当时的社会一景。私家园林是中国历史上反映出来的一种独特的生活和文化现象，是当时文人直接或间接创造的一种生活方式、一种居室环境和一种文化艺术形态。造园的最高标准是"虽由人作，宛如天开"，这样一种山水自然、妙趣天成的审美理念是人与造物、自然环境的融合，是"天人合一"的哲学理念的体现。他们刻意追求"简远""疏朗""雅致""自然""高逸"的审美情趣和生活理想，所以学术界把私家园林称之为"文人园林"。对于园林中所陈设的家具，文人们也有独特的见解。他们的审美情趣和价值取向直接倾注于家具的设计制作中，造就了"简、厚、精、雅"的明式家具。文人们不仅将诗书绘画中的审美观念、笔情墨趣渗透到家具设计中，更将家具提升到了与诗书画同等的精神高度。明式家具渗透了文人的意识、美学观念、哲学思想，注重委婉含蓄、干净简朴之曲线，每一个细节都值得仔细推敲和细细品味，具有独特的气度神韵和高雅格调，它所表现出的儒雅风韵和文人气质令人爱不释手。在园林陈设中，对各种家具的式样、材料、尺寸、装饰，设计要求是自然、圆滑、精致、古雅，避免流于庸俗，这样才能与园林建筑相得益彰。正所谓"几榻有度，器具有式，位置有定，贵其精而便，简而裁，巧而自然也"。

清代室内装饰内容相当丰富（图6-8—图6-10），并取得了很高的成就。从室内隔断、墙板门窗到天花、藻井，除了具有一定的实用功能外，装饰效果更为突出。门窗图案变化繁多，拐子纹、回纹、如意纹等图案的运用表现出一种有动感、繁复的感觉。隔扇门亦为重点装饰，一般饰以繁复的雕刻，体现了这一时期，特别是清代统治阶级和上层官宦、富商，追求变换、富丽纷繁的特点。清代建筑空间的分隔方式可实可虚，实即用屏门、格扇、版壁等把室内隔为数间，用门相通；虚隔有落地罩、圆光罩、多宝格、太师壁等，都是半隔半敞，不设门扇，既表示出空间上的有限隔，又不阻挡视线，并可自由通行，做到隔而不断，将室内空间的区划与交融联为一体。清代在室内隔断方面积累了多样化的处理方式，这也是清代建筑室内的重要成就。而清式家具造型厚重、用材多样，在造型中强调稳定、厚重的雄伟气度。家具的总体尺寸宽大，与此相应的局部尺寸、部件用料也随之加大，注重细部装饰，手法多样，装饰求多求满，给人以一种奢华、富丽和大富大贵的效果。清式家具与建筑空间装饰环境十分匹配。

（二）古代家具的品类与空间功能环境的和谐

古代建筑空间最初是由家具来组织和围合空间的，空间的开、合、通、断等均可利用家具来达到。宋代以后，由于隔扇门、落地罩等在室内的运用，室内空间的变化更加灵活，空间上的纵深感大大增加，以确定不同的空间功能，可以进行不同目的和效果的装饰与陈设布置。明代以后，成套家具的概念已形成。建筑空间逐步细分，民居建筑形成了厅堂、书斋、卧室三大系统，与建筑功能空间相适应的各种家具也随之出现（图6-11、图6-12）。

图6-11《锦笺记》插图（明继志斋刊）
明代第宅书斋陈设（选自朱家溍《明
清室内陈设》）

图6-12《西厢记》插图（明唐振吾刊本）明代第宅卧室陈设
（选自朱家溍《明清室内陈设》）

　　《长物志》中《位置》篇中就阐明了室内陈设布局的原则："位置之法，烦简不同，寒暑各异，高堂广榭，曲房奥室，各有所宜，即如图书鼎彝之属，亦须安设得所，方如图画。"对于小室、卧室、书斋、亭榭、敞室等不同功能空间的室内陈设和设计风格，则有不同的要求，皆在抓住一个"宜"字，与房室类型特点的相宜，是决定选取家具类型和布置格局的首要条件。　要与环境协调，才能得其归所，形成图画般的整体美和错综美。

　　书斋是文人日常活动的主要空间，其中的器用陈设要求既便于主人诵读坐卧、接待文友、取置图书，又要合于简静清高的文士情怀。因此，文震亨说："斋中仅可置四椅一榻，他如古须弥座、短榻、矮几、壁几之类，不妨多设，忌靠壁平设数椅，屏风仅可置一面，书架及橱俱列以置图史，然亦不宜太杂，如书肆中。"[1]榻既可阅读、小憩，又可待客对谈，是文人斋中坐卧的最主要家具，因而必置一器。文人经常在书斋中以文会友，所以，椅子、短榻、矮几、壁几之类家具是不可或缺的。

　　卧室是休息的空间，衣物、盆架、橱柜等生活用品比较多，容易使其中显得杂乱，对家具陈设，文震亨说："地屏天花板虽俗，然卧室取干燥，用之亦可，第不可彩画及油漆耳。面南设卧榻一，榻后别留半室，人所不至，以置熏笼、衣架、盥匜、厢奁、书灯之属。榻前仅置一小几，不设一物，小方杌二，小橱一，以置香药、玩器。室中精洁雅素，一涉绚丽，便如闺阁中，非幽人眠云梦月所宜矣。"[2]在这里，卧榻既是最主要的卧室家具，又起到了屏蔽和隔断的作用，使主人的活动空间自然地一分为二。卧榻之外还有小几、小橱，使整个卧室既简洁又实用。

---

[1] 文震亨，屠隆. 长物志　考槃余事 [M]. 杭州：浙江人民美术出版社，2011：136.
[2] 文震亨，屠隆. 长物志　考槃余事 [M]. 杭州：浙江人民美术出版社，2011：138.

发展到清代，家具的品种繁多，分类详尽，功能性更为明确。其中，按建筑空间功能来打造家具成为新的时尚，尤其是皇室宫廷和富绅府第。在北京故宫内还可见很多成形于建筑空间内的固定家具，与墙体融于一体。"往往把家具作为室内设计的重要组成部分，常常在建造房屋时，就根据建筑物的进深、开间和使用要求，考虑家具的种类、式样、尺度等进行成套的配制"。[1] 在厅堂、卧室、书房等不同功能的居室空间中出现了不同的家具组合，成组成套配置家具的概念更加明确。家具的设计呈现出较为固定的组合模式和较为丰富的装饰手法，并将不同空间中的基础功能要求和主人独特的个人品味结合起来。如清代的李渔，他

图6-13储秀宫明间（选自
朱家溍《明清室内陈设》）

图6-14清代养心殿东暖阁内陈设
（选自朱家溍《明清室内陈设》）

图6-15太极殿西次间
（选自朱家溍《明清室内陈设》）

极力反对依样附会缺乏创意的做法，尤其鄙视那些以名园为范本的设计思想，主张必须有独到的想法和要求。他对床榻、暖椅等家具多有发明创造。

（三）古代家具的色彩与空间装饰环境的和谐

中国古代家具的色彩，最初以红黑为主，后来多以材料本身色彩为主，或施加近似材料的漆面。竹藤家具和硬木家具大多以本色展现。家具的色调以黄棕色、紫棕色到黑色为主，典雅宁静、含蓄内敛，能与古代建筑空间的色调相统一，体现一种和谐的视觉效果（图6-13）。

一般民间家具色彩比较简朴，以棕色系为主色调，红色与黑色为辅，与民居建筑空间装饰环境和谐统一，家具与白墙又形成一种色彩对比。一些民商建筑中，也会出现大量的涂金透镂的装饰，相应地，在家具方面，床、衣橱、几案等以浮雕为主，深浮雕、透雕也是多见的，一般均用朱漆饰面，官宦人家以金箔装饰木雕表面的家具也不少。在中国民俗婚礼仪式中都会使用红色，红色是生命的象征，代表生命的延续。红色也是中国婚俗中约定俗成的吉祥颜色。民居家具中最典型的就是婚床，以红色为主，颜色鲜艳，床围四周雕刻有各种各样的图案，如麒麟送子象征早生贵子，葫芦图案象征子嗣昌盛。农村中常用的家具、桌椅多为陪嫁物种类，常用红色漆，色调明亮热闹，摆在房中，喜气洋洋。

宫廷家具则讲究华丽，红黑金银，五彩绚烂，与宫廷雕龙画凤的建筑非常匹配（图6-14、

[1] 刘敦桢. 中国古代建筑史 [M]. 北京：中国建筑工业出版社，1998：45.

图 6-15）。如乾清宫东暖阁的家具
陈设，东暖阁炕宝座上设：紫檀木嵌
玉如意一柄；红雕漆痰盆一件；玻璃
四方容镜一面；痒痒挠一把；青玉靶
回子刀一把。左边设紫檀木桌一张，
桌上设：紫檀木匣三件，内盛御笔青
玉片册；砚一方，紫檀木匣；铜镀金
匣，松花石暖砚一方；青玉出戟四方
盖瓶一件，紫檀木商银丝座；五彩瓷
白地蒜头瓶一件，紫檀座；周匋壶一
件，紫檀座；竹根笔筒一件，内插笔
三支，竹如意一个，扇子一把；青玉
墨床一件，紫檀木座；青玉子母狮一

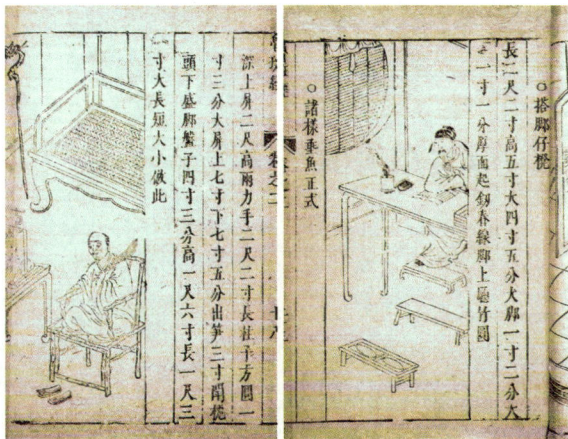

图 6-16《鲁班经匠家镜》插图（明刊本）（选自朱家溍《明清室内陈设》）

件，紫檀座；青玉水盛；御制落叶诗十六册；御笔南巡记青玉片册，紫檀座。右边设描金黑
洋漆小案一张，上设：御制西师诗青玉片册，紫檀座；御制平定回部告成太学碑文青玉片册；
铜掐丝珐琅炉瓶盒托盘一份；铜掐丝珐琅香插一件；定瓷平足洗一件，铜镶口，紫檀木座；
铜掐丝珐琅冠架瓶，紫檀木座；紫檀木边四方玻璃大挂镜一面；红雕漆匣一件；御制南郊试
卷；紫檀木箱一件。[1] 可见宫廷家具在家具主色调与建筑空间装饰一致的基础上，运用各种
装饰手法，敷陈杂彩，视觉上富丽堂皇，丰富多彩，给人以奢华之感。

士大夫的书房、客室和园林的亭台楼榭，家具多用中间色漆饰，如淡赭、褐色，或直取
木材本色，力求淡雅自然之情趣。如《长物志》卷六《几榻》篇云："佛厨佛桌用朱黑漆，
须极华整，而无脂粉气，有内府雕花者，有古漆断纹者，有日本制者，俱自然古雅。近有以
断纹器凑成者，若制作不俗，亦自可用……"那些铅华粉黛、新丽浮艳的都不是文人所追求
的。家具的色彩含蓄而不张扬，内敛而不突兀，古雅自然，与文人的审美取向是一致的（图
6-16）。

第二节　空灵的审美境界

中国传统审美观的一大特点是崇尚空灵之美，这一审美观的形成主要源于道家老子的
"有""无""虚""实"思想。这一思想对中国传统美学影响很大。"虚实结合"成了中
国传统美学一条重要的原则，也概括了中国传统艺术的美学特点。无论是中国书法、中国绘

[1] 朱家溍. 明清室内陈设 [M]. 北京：紫禁城出版社，2008：46.

画还是中国古典园林的空间布局无不受此影响。中国古代家具设计在造型、结构、装饰等方面都表现出"虚实相生""虚实结合"的美学特征，体现了空灵的审美境界。

一、虚实相生的空间塑造

老子认为，天地之间充满了虚空，这种虚空并不是绝对的虚无。虚空中充满了"气"。正是因为有这种虚空，才有万事万物的流动、运化和生生不息的生命。老子云："三十幅共一毂，当其无，有车之用。埏埴以为器，当其无，有器之用。凿户牖以为室，当其无，有室之用。故有之以为利，无之以为用"。[1] 意思是说，车轮中心的圆孔是空的，所以轮子能转动。器皿中间是空的，所以器皿能盛东西。房子中间和门窗是空的，所以能住人。任何事物都不能只有"实"而没有"虚"，不能只有"有"而没有"无"，否则这个事物就失去它的作用，也就失去它的本质。[2] 魏晋南北朝美学家提出"气韵生动"的命题。这里的"气"不仅表现于具体的物象，而且还表现于物象之外的虚空。没有虚空就谈不上"气韵生动"，艺术作品就失去了生命。唐代美学家在"象"的范畴外提出了"境"的范畴，"境"与"象"的不同在于"境"不仅包括"象"，而且还包括"象"外的虚空。如果没有虚空，意境将不会产生。

宗白华先生指出："埃及、希腊的建筑、雕刻是一种团块的造型。米开朗琪罗说过，一个好的雕刻作品，就是从山上滚下来也滚不坏的，因为他们的雕刻是团块。中国就很不同。中国古代艺术家要打破这团块，使它有虚有实，使它疏通。""以虚带实，以实带虚，虚中有实，实中有虚，虚实结合，这是中国美学思想中的一个重要问题。"[3] 虚实相生，造就了空灵的意境。这条美学原则是中国传统艺术的美学特点，也是中国古代家具设计的美学特点。

图6-17 楚几（选自王祖龙《楚美术观念与形态》）　　图6-18 楚几足（选自王祖龙《楚美术观念与形态》）　　图6-19 雕刻木几（选自李宗山《中国家具史图说》）

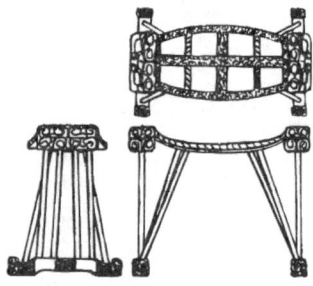

[1] 王德昌. 白话中国古典精粹文库 [M]. 沈阳：春风文艺出版社，1992：23.

[2] 叶朗. 中国美学史大纲 [M]. 上海：上海人民出版社，1985：29.

[3] 宗白华. 美学散步 [M]. 上海：上海人民出版社，1981：33，41.

中国古代家具以线为主，线与面的有机结合构成了家具的整体造型。

春秋战国时期楚国楚式家具的造型，在注重实用功能的前提下，一般都追求灵巧、生动、富于变化的形式美感，而且以流畅而富有节律感的曲线为主导的线形运用是楚式家具造型的一大特征，那美妙的线条所带出的家具造型在空间中的虚实转换，正是古代楚人对充盈在宇宙万物间的运动感、律动感的绝妙表达。如长沙出土的漆凭几，几身的整体线形与其上的云形纹饰形态相一

图 6-20（宋代）画像砖《庖厨烹茶图》中家具（选自李宗山《中国家具史图说》）

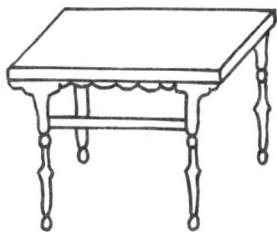

图 6-21（宋）墓砖雕中的高方桌（选自李宗山《中国家具史图说》）

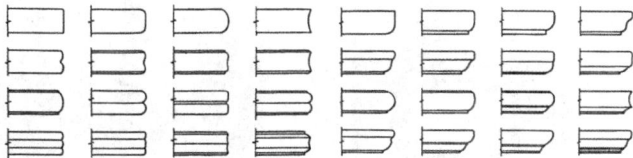

图 6-22 明式家具边抹线脚举例（选自王世襄《明式家具研究》）

图 6-23 明式家具冰盘沿线脚（选自王世襄《明式家具研究》）

致，生动流畅，体态轻盈秀美，如行云流水，曼妙歌舞般蕴含着一种舒展平缓的韵律感，可以说是极富想象力的家具造型（图 6-17、图 6-18）。信阳长台关楚墓出土的雕花几（见图3-22），几面均呈优美的弧面，两端较中间厚，为长条形六面体，下接四根直立的细长足，形式感相当丰富，两边如栏杆一般的细长直足加强了轻巧灵便的感觉。楚式家具的器足设计通常都很讲究，形态也十分多变，有仿马腿式（分为带横跗和不带横跗两种）、仿禽足式、骈列栏杆带横跗式、透雕式、平板式等，器足均根据器身的造型而变化，且搭配得当，权衡合度，因而绝少雷同（图 6-19）。

魏晋南北朝时期家具种类进一步增多，功能更加齐全，形体上趋于高大、宽敞，由于受到佛教文化和"胡人"生活方式的影响，使有些家具如床榻，开始明显增高，形制上出现了"壶门托泥式"的结构，即在床榻足间做出壶门洞，下施托泥。壶门洞的虚空，使家具在造型上更富有虚实变化，打破了箱体结构的密闭性和实体感，让家具看上去更显轻盈而不拙实。唐代以后，家具进一步增高，椅、凳、墩等家具形制逐渐丰富。这一时期的椅子制作已明显吸收了传统木结构建筑的造型技巧。宋代家具简练纤秀，造型上受到大木梁架式的结构方式的影响，由以前的箱体结构转变为梁柱式的框架结构。家具中对简约线条美的追求已日臻成熟。宋代家具的造型充满了线条的变化，从装饰纹样中各种直线、曲线线形的变化到家具腿足、枨子、椅子的搭脑、扶手、靠背等部位的各式刚柔相济的线条的有机组合运用，使中国的线性艺术在家具中展现得淋漓精致。宋代家具整体线条自然流畅，各式线条的运用与家具

的总体造型和谐统一，使家具造型整体的线性美更加完善，为明式家具线性造型的完美演绎做好了铺垫。正因为纤细的实体线条与家具线与线、线与面之间的虚空间形成了虚实对比，虚多而实少，使宋代家具更显纤巧秀丽（图6-20、图6-21）。

明式家具在宋元家具的基础上日臻完美，总体造型简洁、流畅，确立了以"线脚"为主要元素的造型手法（图6-22、图6-23）。明式家具注重强调家具的线条美，造型中的线条更

图 6-24 （明）黄花梨四出头官帽椅
（选自王世襄《明式家具研究》）

图 6-25 红木纹藤式绣墩
（选自王世襄《明式家具珍赏》）

图 6-26 （明）黄花梨三足香几
（选自王世襄《明式家具珍赏》）

是有刚有柔，有阴有阳，有虚有实，突出"线"与"面"的有机结合。在视觉上注意形体的收分起伏和线形的变化，柔美的曲线结合朴素的直线，动静相宜。线脚的阴阳、曲直的细微转变，增加了家具的柔和感与精致感，使家具显得更加雅致和含蓄。明式家具的设计特别强调整体的造型比例关系，对于家具长、宽、高的尺寸关系进行比例推敲，在满足使用功能的同时，合理的比例给人以视觉的审美愉悦，如黄花梨四出头官帽椅（图6-24）。座面上部的靠背高度高于座高，座面下部四条椅腿稍向外倾斜，使座面以下形成一个稳定的梯形空间。椅子搭脑、扶手、联邦棍、鹅脖都有弯曲，出头部分通过立柱微向搭脑后上方及扶手外测弯转，形成自然流畅、向上提升的曲线，整个官帽椅造型舒展，比例和谐。

明式家具在设计中非常注重虚实空间的转换（图6-26）。这里所说的实是指构成家具造型的点、线、面、体的构成要素；虚是指这些构成要素之间所留出的空间，这种空间可以理解为虚无。苏珊·朗格在《情感与形式》一书中曾提到："空间本身在我们现实生活中是无形的东西，它

图 6-27 （清）红木有束腰管脚枨方凳
（选自王世襄《明式家具珍赏》）

图 6-28 直棖围子玫瑰椅
（选自王世襄《明式家具研究》）

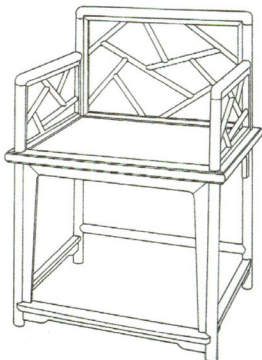

图 6-29 冰绽纹围子玫瑰椅
（选自王世襄《明式家具研究》）

图 6-30 （明）黄花梨矮靠背南官帽椅
（选自王世襄《明式家具珍赏》）

图 6-31 （明）黄花梨高靠背南官帽椅
（选自王世襄《明式家具珍赏》）

图 6-32 （明）黄花梨品字栏杆架格

图 6-33 （明）黄花梨透空后背架格

（选自王世襄《明式家具珍赏》）

完全是科学思维的抽象。它是我们全部经验的基础，逐渐地为我们某些感觉的联合运用所发现——作为行动中的某种因素，被看到、感觉到、意识到——但却听不到和摸不到。"明式家具用线条来表现家具的造型形态和空间界限。空间和造型形态是相互依存的，空间容纳形态，形态同时又占有空间。实空间与虚空间在空间的界定中相互转化，如凳面和凳腿的构成，形成了凳面底下的虚空间（图 6-25、图 6-27），坐墩的开光所形成的虚空间。家具的实体形态需要虚空间来勾勒，而虚空间又能使整个家具的轮廓更加明晰，使家具造型更加灵动。

明式家具主要采用单线条、面和虚面来对虚空间进行分割。单线条可以是矮老、联邦棍、罗锅枨等结构件，也可以是非结构性线条，如围子玫瑰椅（图 6-28、图 6-29）。直棖围子玫瑰椅在后背和扶手之内都安直棖，靠背处六根线条将整个椅背分割出七个相等的虚空间，两边扶手处用四根线条，每边各分割出五个相等的虚空间，这些等分的空间具有数理的秩序美感，与椅面下方的空间形成大小的对比，整个玫瑰椅通体没有任何雕饰，只是通过线条在空间中的疏密、长短的变化来体现家具的造型美感。面的分割可以体现在椅子的靠背板、架格的阁板等方面。靠背板可以把椅子的靠背分割成左右两个大小一致的空间，形成对称的美感（图6-30、图6-31）。架格的阁板可以等分，也可以有大小的变化。用虚面来进行分割，就是用大面积的透雕或用攒斗[1]工艺制作出的纹饰（如床围子、架格的背板、柜门）来分割空间。透雕和攒斗工艺所形成的大面积的纹饰把空间分割得很细碎，有虚有实，就形成了一

图 6-34 黄花梨门围子架子床

图 6-35 (明) 黄花梨凤纹衣架

图 6-36 攒斗工艺

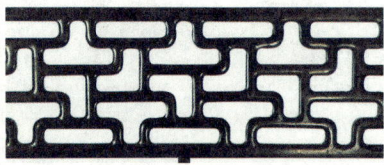

图 6-37 攒接工艺

图 6-38 斗簇工艺

（以上选自王世襄《明式家具珍赏》）

个虚面。这样的运用会使空间分割得更丰富，更富有变化，虚与实之间多了虚面的衔接，会使家具看上去更有层次。家具中透雕的运用也有这样的效果，让家具更显空灵（图6-32—图6-38）。

---

[1] 攒斗包括攒接和斗簇。攒接是用纵横斜直的短材，通过榫卯结合把它们衔接交搭起来，组成各种几何形图案。斗簇是根据其造法试拟的一个名称。意指用锼镂的花片、仗裁销把它们斗拢成图案花纹；或用较大木片锼出团聚的花纹，其效果仍似斗簇。

二、结构形式的美学处理

中国古代家具对于结构形式的美学处理一方面体现在家具造型要素的设计上，另一方面体现在与家具结构紧密相连的部件装饰上。

（一）古代家具造型要素的设计

构成家具造型的要素有腿足、靠背、扶手、桌（案）面、座面、柜门等等，这些要素的形式处理将关系到家具整体造型的优劣，如轻巧、美观、实用的楚式家具。楚人的那种大处着眼，小处也不马虎的精确、周到和务实的设计意识可以说是无处不在。如楚几（图6-39），凭几面当中较为宽博，两头慢慢地收窄向下微作弯曲，是为了隐伏的舒适；几足上宽下窄，乃模仿犬马的股腿形状而加以变化，足跗适当地横出支持几体，既合乎力学原理又美观，不失为一件上乘的作品。俎，一面有垂沿，用意不仅为的是好看美观，还要分出宾主相对的方向。其体积是狭长的，如果两条承足比俎面窄的话，放置时就不会很平稳，因此，足跗必须宽过俎面才不会倾倒。两腿从足胫到足跗，虽然矮短不高，但在设计上也是曲折有致的。

汉代的几包括庋物几和凭几。几的腿足做成曲栅足——当时较流行的样式（图6-40）。案主要分为矮足案和高足案。高足案的足部形态以兽足、细腰足、柱足、栅状足、矮条足为主，案面则以长方形和圆形最多。魏晋南北朝时期，床榻出现了壸门装饰，壸门洞有的呈椭圆形，有的强调曲线的变化。唐代以后，家具形制进一步增高，椅、凳、桌、案的腿足越来越呈线形特征，腿足部分有丰富的线形变化和雕饰。乾陵永泰公主墓出土的圆形陶案和《说文》上的"櫎圆案也"所述一致，这件陶圆案有三条腿，其面一周和三条腿都是雕刻而成。唐代有种家具称为月牙几子，是杌的一种，有四条腿，一个面板。月牙几子面板形如弯月。《宫乐图》上就有月牙几子。这种家具大部分有华丽的装饰，直腿随纹饰外形变为曲线，而且雕刻精细，有的还嵌有宝石，不仅有使用价值，而且是精

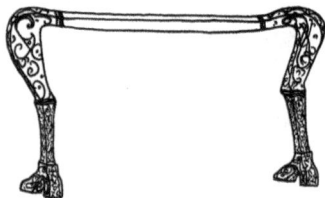

图6-39 楚几

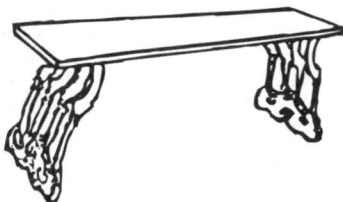

图6-40 （汉）曲栅足板形几

图6-41 （唐）绘画中的雕花杌子

图6-42 （宋）交脚圆桌
（以上选自李宗山《中国家具史图说》）

湛的工艺品（图 6-41）。[1]

　　宋代家具吸收了大木作建筑结构的特征，形成了家具的框架结构，在整体造型上形成了"有束腰"与"无束腰"两大造型体系。家具造型充满了直线与曲线的丰富变化。家具上已出现装饰线脚，当时家具的线脚有平面、凸面、凹面，线有阴线和阳线。家具腿足的变化更加丰富，有三弯腿、花腿、云板腿、波纹腿、琴腿和马蹄足等造型变化（图 6-42）。

　　明式家具吸取了宋元家具的造型和结构的精髓，以线脚作为家具重要的装饰手段。线脚

---

[1] 韩继中. 唐代家具的初步研究 [J]. 文博，1985，5（2）：47-51.

图 6-43 明式家具腿足的变化（选自王世襄《明式家具研究》《明式家具珍赏》）

图 6-44 明式家具的腿足线条变化（选自王世襄《明式家具珍赏》）

图 6-45 明式家具椅子搭脑的线性变化（选自王世襄《明式家具珍赏》）

凤纹牙子　　　　　云纹牙子　　　　　卷云牙子　　　　　弓背牙子

倒挂牙　　　　　　站牙　　　　　　　角牙　　　　　　　枨格牙子

图 6-46 明式家具中的各式牙子（选自王世襄《明式家具珍赏》）

是许多装饰线条与凹凸面的总称，多用于家具腿足、边抹、枨子等部位。边抹的线脚有上舒下敛的"冰盘沿"线脚，还有上下对称和不对称的线脚。家具腿足的断面可分为圆形、方形、扁方形和扁圆形（图 6-43）。它们又各有多种线脚。例如方桌，均为方腿分棱瓣，即匠师所谓的"甜瓜棱"，但线与面的处理，并不全同。大条案与小画案都是扁方腿，而线脚亦异，如再加上香几、供桌等，整条腿的轮廓、弧度、粗细几乎无一处相同，线脚就更加复杂了。[1]明式家具腿足的造型变化也多（图 6-44）。常见的有三弯腿，它由腿部从束腰处向外膨出，

[1] 王世襄. 明式家具珍赏 [M]. 北京：文物出版社，2003：39-40.

鱼肚圈口　　椭圆圈口　　　　　　　　　　　券口

图 6-47 明式家具中的券口和圈口（选自王世襄《明式家具珍赏》）

然后再向内收，收到下端，又向外兜转，在脚的末端又扩大成粗壮的外翻部分，形成三道弯。柔中带刚，是力量与柔美的结合。三弯腿的足部，大都有装饰，如涡纹足、外翻马蹄等；还有鼓腿彭牙式，它的腿部从束腰处膨出，然后稍向内收，顺势成为弧形。足部，多作内翻马蹄或雕饰。有一种腿足称为蚂蚱腿，即在腿中间雕出花翅，突出于腿的直线之外，形如蚂蚱带翅的腿。另外还有撇腿、板式腿、卷珠足、卷书足等等。明式家具椅子上端的横梁（搭脑）（图 6-45），其基本形式有圆形、扁形、方形三种。在三种基本形状之上，又有直线，弓背形曲线，向上翘起的曲线，中间突起、两边下滑的曲线，还有圈椅后背的椅圈顺势延至前端扶手的曲线等等，可谓千变万化，线形各异。但无论是直线，还是曲线，都具有流畅、挺秀的特色。清式家具更注重局部细节的装饰，如腿足满雕，在家具线形的变化上不及明式家具丰富。

（二）家具结构部件的装饰设计

与家具结构紧密相连的部件可以起到支托加固的作用，能使家具更加坚固。这些部件被巧妙装饰，与家具的整体造型融为一体，它既是重要的家具结构，又起到装饰美化家具的效果，所以又称为结构装饰。

早在汉代就有牙板这样的结构装饰出现。汉代的床榻形体普遍较矮，足部流行"局脚"，这种"局脚"可视为将围板式床座的每一边采用"挖缺做"的结果，两板相交处的床足作直角曲尺形，两足之间挖出对称牙板（这种牙板具有合理的承重作用，与床足一木连做）。[1]

发展到宋代，家具结构部件的装饰运用已成为宋代家具装饰的典型特征之一。那些牙头、牙条、矮老、卡子花、枨子、券口、托泥等结构部件既装饰恰当，又坚固耐用。这些装饰手法被后来的明式家具继承和发展。

结构装饰在明式家具设计中被运用得日臻完美。明式家具把结构部件巧妙装饰，有机地融于家具的整体造型之中。明式家具的结构部件有牙子（牙头、牙条和牙板）、券口、圈口、挡板、矮老、卡子花、托泥、枨子等。

明式家具中，立木与横木的支架交角处经常辅以各种形式的木牙子等构件，以起支托加固的作用，这是从木构建筑的梁枋和雀替等构件演化而来的。这种框架式的结构方法不仅稳

---

[1] 李宗山. 中国家具史图说 [M]. 武汉：湖北美术出版社，2001：161.

定、实用，而且符合力学原
理，同时也形成优美的立体轮
廓。如椅子座面与椅腿的交角
处，圈椅的扶手与前腿的交角
处，桌案的台面与腿足的交角
处，衣架两立柱与搭脑的交角
处等等。这些牙子，横向较长
的叫牙条，施在角上的短小花
牙叫牙头。用在衣架、脸盆架
上部搭脑的两侧，叫倒挂牙。
而施在屏风、衣架等底座两边
的牙子叫站牙。明式家具的牙
子装饰形式很多，常见的有云
纹牙子、棂格牙子、龙凤纹牙
子、卷云牙子、弓背牙子、替
木牙子等（图6-46）。

图 6-48 各式卡子花和矮老（选自王世襄《明式家具珍赏》）

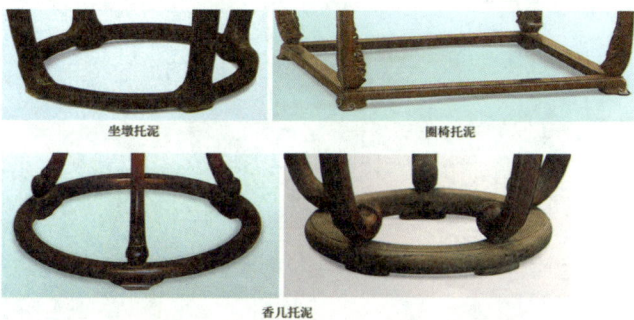

　　明式家具中的券口和圈口
有椭圆圈口、长方券口、鱼肚
圈口、壶门券口等等。在上、
左、右三面镶板的叫券口，在
上、下、左、右四边镶板的叫
圈口（图6-47）。在桌案的两
侧腿足之间，镶以各种纹饰的
镶板装饰，或者用木条攒接成
各种纹饰的侧板，叫作挡板。
挡板加固了腿的稳定性，同时
又是极好的装饰。常见的有
云头挡板、卍字挡板、葫芦挡
板、草龙挡板、灯笼挡板等。

图 6-49 明式家具托泥（选自王世襄《明式家具珍赏》）

图 6-50 明式家具中各式枨子（选自王世襄《明式家具珍赏》）

　　卡子花与矮老主要是连接枨子与上下部件的构件（图6-48），多数是用木材镂雕的纹样，也有用其他材料，如嵌玉卡子花。常见的有双套环卡子花、单环卡子花、螭纹卡子花、灵芝纹卡子花等。矮老是一种短而小的竖枨子，往往用在跨度较大的横枨上。矮老多与罗锅枨配合使用。如桌案的案面下、四周横枨上多用矮老，起到支撑桌面、加固四腿的作用。

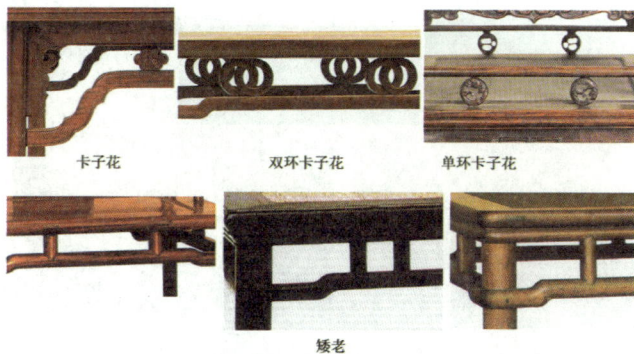

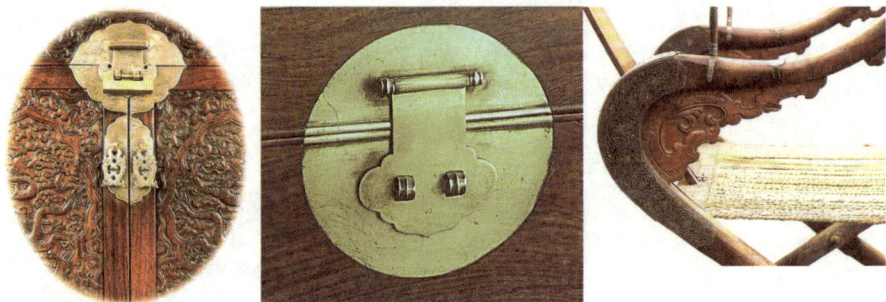

各种铜饰件

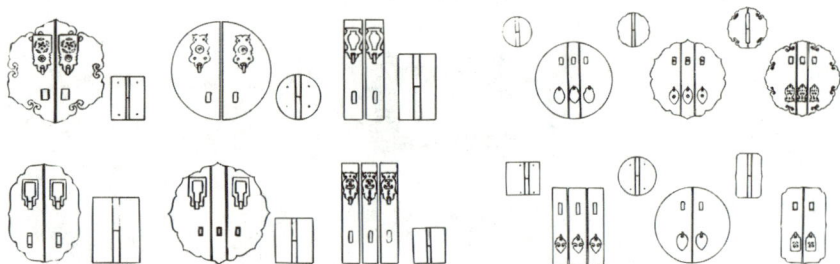

方角柜铜饰件　　　　　　　　　　　　　　四顶柜铜饰件

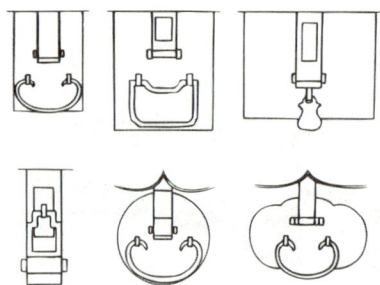

闷户橱抽屉铜饰件　　　　　　　　　　　　圆角柜铜饰件

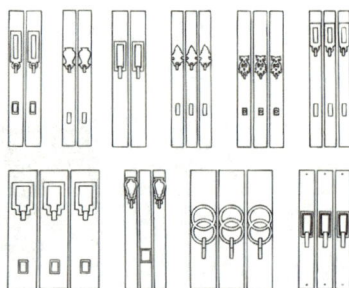

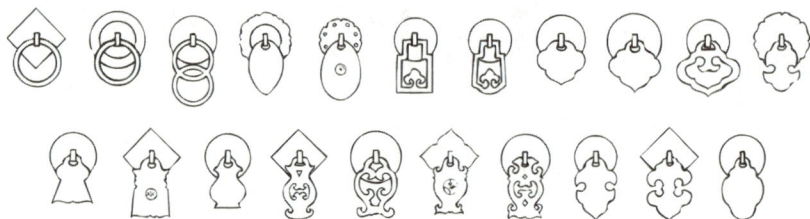

格式吊牌

图 6-51 铜饰件（选自王世襄《明式家具研究》《明式家具珍赏》）

　　托泥是在椅凳、床榻、桌案的四腿下端，加方形或圆形的底框，使四腿不直接落地，是落在木框上（图 6-49）。这种托泥作法，魏晋南北朝时就已出现，不过那时家具以箱形结体出现的。托泥不仅改变了四腿直接落地的旧形式，出现了造型上的新意趣，同时，也起到了加固四腿的连接与稳定的作用。从南宋以来，托泥之下又出现了小巧的、如同龟形的小足，使整体呆板的四框之下，又长出可爱的四只小"海龟"。这种龟足，既活泼，又起到通风的作用。

　　枨子是家具造型的一部分。明代家具的枨子式样很多。有罗锅枨、霸王枨、十字枨、直枨、花枨等。枨子，虽然是以结构的形式而存在，但是至明代已经摆脱了直枨的基本形式，着意于装饰作用，使其结构功能和装饰美化兼顾（图 6-50）。

　　使用铜铁饰件的结构装饰是明式家具的一大特色。铁制饰件可用錽金、錽银的方法造出花纹，灿烂华美，效果有如金银错。铜制饰件除了素铜以外，还有鎏金錾花、锤合等装饰方法。白铜饰件有面页、合页、拉手、吊牌等，多用在箱柜及闷户橱等家具上，还有的用在椅凳的座角足端等地方，具有加固和装饰的双重功能。如交椅上常用錽金或錽银的铁饰件，宛如金、银错花纹，华美而有古意（图 6-51）。

第三节　传神的审美创造

　　东晋的顾恺之提出传神写照的命题，这使中国艺术在处理创作主体与创作客体的关系问题上形成了自己特有的审美反映论，主张在"以形写神""形神兼备"的基础上注重"传神"。中国古代家具设计中，对自然的传移摹写造就了生动各异的纹样装饰，雕刻、髹漆、镶嵌等工艺的运用使家具具有或典雅或华丽的东方神韵。

一、古代家具纹饰之美

　　中国古代家具纹饰历经几千年的发展与演变，形成了独特的艺术风格。无论是商周时期的青铜家具，春秋战国时期的髹漆家具，还是明清时期的硬木家具，纹样装饰各具特色，它反映出中国人的风俗习惯、宗教信仰、观念意识和审美文化等。古代家具的纹样题材广泛，有动物、植物、人物、自然物象、几何纹饰和博古纹等等。这些纹饰具有优美的形态，律动的形式和生命力，与古代家具的造型相得益彰。中国古代家具纹样装饰是我国古代家具艺术的重要组成部分，它所展现的美是一种艺术之美、文化之美。

（一）中国古代家具纹饰的象征之美

　　古代家具纹饰的创造是从自然物象开始的，即采用"观物取象"的方式。人通过与自然

图 6-52 青铜器上蟠螭纹（选自李学勤《中国青铜器概说》）

的交往，取自然之象，通过自己的主观创造把"物象"图式化。创作者以纹样的方式将感受到的事物表达出来，被人所接受和传播。这些纹样中所蕴含的信息与意义，往往"不立文字"，无须过多的解释，人们就能从最抽象和简化的纹样符号中了解和接受内在的意蕴，并能够在联想的层面上产生与具象世界的对应。这种接受阐释过程的顺利完成，和这种过程中表现出的创作者和接受者在纹样符号创作接受的一致性，是建筑在整个民族共同的视觉思维方式和纹化的方式基础上的，因此，"观物取象"的象形方式不仅是纹样符号的创制者所具有的专业化的方式和思维特性，而且是整个民族所共有的，长期积淀的视觉心理机制和纹化的思维机制，是在历史的、共同的生存区域中形成的、为区域内所有人都具有的文化秉性。[1]

从形式上看，中国古代家具的纹饰具有装饰美化的作用，但其实它还包含了更深层次的内容，即象征寓意（图 6-52）。作为一种形式语言，纹样是通过形象去实现其象征性意义的表达的。古代家具纹饰的象征寓意是在礼乐文化这一传统文化的大背景中被强化的。由于礼乐文化的渗透，使家具纹饰的意义表达被社会政治化了，与此同时，也使纹饰的象征寓意被世俗化和泛化。

古代家具纹饰的象征寓意所表达的一个中心主题就是"吉祥"。中国这一国度的吉祥象征文化非常富饶，吉祥象征文化源远流长，遍及古今。吉祥观念在中国有着悠久的历史，早在春秋时期就有相关的记载。在《小雅》和《大雅》中就有"南山之寿""天子万寿"的吉祥用语，反映了当时的人们已经具有了吉祥观念。在两千多年前的中国，"吉祥"一词就已出现，只不过二字不连用。《易·系辞下》中云："吉事有祥。"意思是吉利之事必有祯祥，后来专指吉事之征兆。《庄子》云："虚室生白，吉祥止止。"从此"吉祥"二字开始连用，之后逐渐变成祝吉之词。吉祥是福、是善，是一种好的征兆，是一种象征，是人们对美好未来的祝福和希望。而象征吉祥的东西称为"吉祥物"，吉祥观念与吉祥物从一开始就是相伴而生的。

中国传统纹样中可以传达吉祥寓意的东西繁多，有吉祥动物如龙、鹤、凤、鹿、龟等，吉祥植物有柿子、石榴、梅花、桂花、竹、松、佛手等，还有寿石、如意之类的吉祥器物。在古代家具上吉祥物以纹样的形式出现，通过比拟、借喻、谐音、双关、象征等各种手法，把创作出的纹样与吉祥寓意完美融合，不仅表达了人们对于未来生活的憧憬、希望和理想，又以象征的方式表明了人们改变生存环境的不懈努力以及征服困难的伟大意志和不屈的精神，它既是理想性的，又是现实性的。它从一个侧面折射出装饰至善至美的本质。

---

[1] 李砚祖. 装饰之道 [M]. 北京：中国人民大学出版社，1993：19.

中国古代家具纹饰可以说是具有高度象征性的艺术图式。早在商周时期吉祥纹样就开始运用在家具上，直至宋代已被大量广泛使用，明清时期运用更加成熟，利用各种表现手法来传达吉祥的寓意。

例如运用谐音的方式来表达吉祥的象征寓意。花瓶里插桂花和牡丹表示富贵（桂）平（瓶）安，用蜜蜂、猴子和马来表示马上封（蜂）侯（猴），梅树枝头站着喜鹊表示喜上眉（梅）梢，太阳和三只羊表示三羊（阳）开泰（图6-53）；有些纹饰是由富有吉祥寓意的短语转化而来，组合构成吉祥纹样。例如图案以百合花来构成的，寓示"百年好合"。此外，还会用借喻、明喻、暗喻等手法来表达美好的意义。龟、桃、鹤、松喻义长寿，葡萄、石榴、葫芦、莲蓬喻义多子多孙，牡丹象征富贵，梅、兰、竹、菊喻示高洁的君子人格。用具有代表性的事物来寓意吉祥，是吉祥纹样对素材的直接运用。如家具上金钱、元宝、玉石等纹样的直接应用，表示对富贵的追求；要表达书香门第、文人雅趣，则用琴棋书画、笔墨纸砚。博古画、博古瓶、鼎炉、玉器和一些吉祥物，配上盆景、花卉等各种博古器物图案装饰在家具上，寓意品行优雅、志趣高远，使家具显出浓浓古意，给人以美的享受。通过文字组合的各种吉祥文字，变化形式装饰在家具上，具有很好的装饰性和较强的意义表达。用文字如"福""禄""寿""喜"，组成"百福""百禄""百寿""百喜"等吉祥图，与不同的家具材质和雕刻结合起来，民族传统文化意蕴展露无遗（图6-55）。

吉祥文化中有很多与原物本身固有的属性与特点没有关联的吉祥物，完全是附会的产物。如中国的龙纹（图6-54、图6-56）。龙的形象是选取许多动物形象中最神奇的部分复合而成的，龙角似鹿，眼似鬼，头似驼，项似蛇，腹似蜃，爪似鹰，鳞似鲤，耳似牛，掌似虎。龙的形象神奇、威严。在古代传说中，龙被形容成是一种善变化、兴云雨、利万物的神物，在中

图6-53 屏风上三羊（阳）开泰纹饰
（选自朱家溍《明清室内陈设》）

图6-54 屏风上的龙纹（选自关毅《中国古代红木家具拍卖投资考成汇典》）

图6-55 透雕六螭捧寿纹
（选自王世襄《明式家具珍赏》）

国人的观念中，龙是一种温和仁慈，性情良好的神物，有很高的德性，是"四灵"之长。在中国历史上，龙被作为王道仁政的象征，龙纹与帝王统治结合在一起。尤其到了汉代以后，龙被视为皇帝与皇权的象征。所以，我们可以在宫廷家具中看到各式各样的龙纹装饰。

这些传统文化观念中的吉祥内容，客观地规定了吉祥物象征的主要内容，即象征幸福、长寿、好运、如意、平安、富贵、加官、多子、厚禄等一系列理想化的愿望。巧妙地运用人物、植物、动物、风雨雷电、日月星辰、文字以及民间谚语、神话传说等为装饰题材，在古代家具上运用，使家具的文化价值、艺术价值大为提升。这种观念历时千年不衰，迄今为止仍然影响着广大国人的生活。

图 6-56（清）金漆龙纹交椅
（选自朱家溍《明清室内陈设》）

（二）中国古代家具纹饰的造型之美

古代家具纹样从形式上可以分为连续纹样和单独纹样两大类别。其中单独纹样包括角隅纹样、适合纹样和边缘纹样；连续纹样主要有四方连续和二方连续。这些纹饰在设计手法上运用了对称与均衡、节奏与韵律、重复、变化与统一、对比与调和等形式美法则，追求一种平面化、秩序化、单纯化的形式特点。

商周青铜器上的饕餮纹（图 6-57）是常用的一种主体纹饰，饕餮纹上下均衡，左右对称，整体庄重、威

图 6-57 青铜器上饕餮纹
（选自李学勤《中国青铜器概说》）

严，造型整体，独立成形，采用的是典型的"程式化"的变形夸张手法。饕餮纹采用凹凸有致的表面处理方式，有虚有实、有阴有阳、有细有粗的对比手法的应用使整体纹饰形象富有阴阳的层次变化。纹饰以面为造型基调，整体形象特征用角的变化来勾勒，运用对比的方式放大双目的比例，突出双目，形成凸起的浮雕样式，给人一种神秘、威严、狞厉、凝重之美感，特别炯炯有神。饕餮纹是抽象思维与形象思维、创意思维与想象思维相互渗透的结果，是把浓郁的宗教礼仪文化和艺术的审美创造融为一体的典范。

楚式髹漆家具在纹饰应用方面可谓是内容广泛，题材丰富，主要有人物纹样、云气纹和动物纹样。它们造型各异，具有强烈的动感，凸显了浓郁的楚式风格，展现了楚人匠心独具的装饰水平。动物纹中龙凤纹是最典型的纹饰。其中凤鸟纹占据着家具纹饰的主体地位，它是楚人非常钟爱的纹饰。经过楚人大胆变形和夸张表现的龙凤纹，有的只呈现卷曲状的龙身、凤头、凤翅和凤尾，成为楚式漆家具纹样的装饰特色。楚家具纹饰中，云气纹运用颇多，常

见的形态就有十多种，有的像秋天的薄云，有的如云海翻滚，有的像悬浮的云雾。这些涡卷回旋的纹饰，有如天上的白云，千变万化，捉摸不定。楚人喜爱以流畅婉转、如流水一般的曲线表现出自然的动势，那些奇妙的花卉卷草、虫蛇龙凤、水波云气等都是由动感极强的曲线组成。这些变化万千、充满动感活力的家具纹饰充分展现了生命之美（图6-58）。

明式家具的纹样装饰题材也非常广泛（图6-59、图6-60），但凡人物、飞禽走兽、自然山水、花鸟虫鱼、吉祥喜庆、博古器物等无所不有。作为家具重要组成部分的纹样，主要装饰在形式各异的券口、牙子、矮老、卡子花、挡板、圈口、端头等位置，变幻出许许多多的图案形式，或简约，或繁复。纹样构成形式或均衡，或对称，或者是边缘纹饰，或者是适合纹样，构成手法或概括抽象，或写实表现。根据不同的家具形体和部位，点缀、装饰得恰到好处，使纹饰纳入家具整体中，与家具的风格类型相协调。例如券口和牙板的纹饰基本上都运用对称的形式，达到与家具相得益彰、珠联璧合的视觉艺术效果。卡子花的纹饰，动物与植物题材对称的构形显得大方而稳定，而均衡的构成方式，再加上曲线的合理应用，显得动感十足。

图6-58 楚髹漆卮(选自皮道坚《楚艺术史》)

图6-59 南官帽椅靠背板的透雕龙纹玉片
(选自王世襄《明式家具珍赏》)

（三）中国古代家具纹饰的抽象之美

古代家具的纹样都是人们间接地或直接地从自然界和日常生活中汲取素材，不论是抽象的几何形象抑或是具象的形象，一般都要对原本的物事进行抽象化表现，经过一系列的提炼和变形夸张。

古代家具纹饰往往是利用具象素材，进行抽象运用。一部分抽象纹饰是由象形纹样演变而来，而另一部分是直接从自然规律中总结抽象出来的。象形纹作为单独纹一旦被放置在重复、对称、叠加等构形之中，几何化的变化和倾向将随之呈现。卢卡契也曾意识到这一点，他说："植物纹样和动物纹样仍属于几何的一般概念。因为占主导地位的在这里最终仍然是线条的几何规则系统，不论它是直线的或折线的，和曲线的都是一样。其中植物、动物、甚至人都不是在其自

图6-60 扇面形南官帽椅靠背板的牡丹纹浮雕(选自王世襄《明式家具珍赏》)

图 6-61 勾连云纹
（选自李学勤《中国青铜器概说》）

图 6-62 雕几卷云纹和勾连云纹（选自李宗山《中国家具史图说》）

身存在的条件下被反映出来的，而是被插到一个由节奏、比例、对称、对等的线条（或色彩线条）关系中。在这一关系中，其形状和运动等只是成为几何排列构成的统一体中的单纯的组成部分和因素。"装饰的结构改变和整合了象形的形象，使之统合于装饰的整体结构，而这种统合必然性地改变着象形的纹样形态使之趋几何化。[1] 变化自由的抽象几何纹样，视觉呈现效果好，其灵活的形式变化能够完全适合古代家具装饰面的转折起伏，所以在古代家具中可以看到抽象纹饰的大量运用。

商周时期，青铜家具的边饰或底纹装饰，经常与云气纹、云雷纹、圆涡纹、三角纹、环曲纹相搭配。如云雷纹，有的形成方形连续的构图，有的是圆形的连续构图，有的以连续的回旋形线条作几何圆形的构成，这些纹饰用以衬托龙凤纹、饕餮纹等主体纹饰，环绕器物的纹样呈二方连续的形式，纹样装饰看上去具有不同的层次感，环视器物时，任意角度都可以取得形象完整的纹饰和良好的视觉美感。

在楚式髹漆家具纹饰中，造型写实的较少，变形抽象的偏多。楚人观物取象时，所取之象既不是对原有事物的简单再现，也不是对事物形象的单纯局部选取，而是抓住物象最典型的关键性结构，以及物象代表性的质，达到"意象"的视觉效果，进而完成新形象的构成。因适应形体需要做了夸张的抽象变形处理的凤纹、龙纹、云纹，或单单以局部形象特征表现整体，或卷涡式的呈向心卷曲，

交椅靠背板云纹浮雕

面盆架中四簇云纹

图 6-63 明式家具中云纹装饰
（（选自王世襄《明式家具珍赏》））

[1] 李砚祖. 装饰之道 [M]. 北京：中国人民大学出版社，1993：24.

130

纹饰分布严谨而致密，具有浓郁的象征意味。家具纹饰中，也存在着大量的抽象几何纹样。这些被图案化的龙凤纹、各种鸟兽纹、人物纹样、回纹、旋涡纹、圆圈纹、"C"形纹、"S"形纹以及三角形纹，极具抽象性，构形方式主要是二方连续或四方连续。最基本的构形元素是各种龙凤纹、蟠螭纹以及卷涡纹、直线纹，在此基础上通过抽象、重构变形，创造出造型多方变化的云气纹、回纹、弧边三角带涡纹、波浪纹、连云纹等（图6-61、图6-62）。楚人所感受的自然物象是他们抽象造型变化的灵感来源，在楚人的心理和视觉上不断地形成各种自然物态变幻不确定的意象，以无尽的启示影响楚人。这些自然意象被楚人转变成各种抽象经验形式，楚人将自然现象所引起的原始崇拜意识的精神内涵转嫁到这些抽象形式中，甚至再进一步把对抽象形式的联想与人的意愿和情绪相关联，形成具有复杂含义、丰富意蕴的象征性符号。

明式家具的装饰纹样与家具的造型、结构结合完美。各种形式变化如意纹、云纹、螭纹、棂格纹、卷草纹、凤草纹、草龙纹、象鼻纹、拐子纹、"卍"字纹、灵芝纹、波形纹、冰绽纹、回纹、方胜、绳纹、盘长、连环纹等，有的设计成单独纹样，有的形式或对称或均衡，在家具的床围子、椅子靠背板、腿足、牙子、圈口、券口等各部位多以四方连续和二方连续的纹样形式装饰。通过纹样变形、抽象、重组，使纹样形态变化各异，造型优美，彰显了曲直线条变化的美感。如云纹的装饰（图6-63），小面积云纹的直接运用，或透雕或浮雕至椅背上，取得了画龙点睛、少即是多的装饰效果。云纹的简化和演绎运用体现在明式家具中各种腿足、牙子等部位的装饰以及造型曲线的线条形式变化上。运用或截取或简化韵味的线条进行装饰，使这些部位的造型体现出流畅、内敛、简约之美。卷云纹的涡旋线条运用主要体现在明式家具的线脚装饰中。隐去云纹的线条，腿部线条的变化以涡旋的曲线来过渡，家具的整体造型、结构线条与经过简化、提炼、变形的云纹曲线有机融合，达到和谐自然之装饰效果。

明式家具运用攒斗工艺可以创造出装饰性很强的镂空纹样。如用攒接的方法做成十字连方、卍字纹等纹饰，用斗簇的方法可以做出四簇云纹等纹饰。攒斗的纹饰以四方连续的形式装饰在床榻的围子、脚踏的面心、桌子的牙子、椅子的靠背、架格的栏杆及门心、衣架的中牌子等部位。纹饰的变化富有规律，具有秩序美感，使整个家具拥有富丽匀整、华丽轻盈的空灵之美。

（四）中国古代家具纹饰的色彩之美

中国古代家具纹样的色彩，是以自然界的色彩为依托，再与人的理想色彩相结合。在色彩搭配上，为了达到视觉的装饰效果而主观改变固有色，并强调运用主观色以使色彩寄托人的情感和理想；选择变化丰富和极其浪漫的色彩以适应功能化的需求，这是古代家具纹样所追求的艺术境界。

青铜器纹饰运用多层次的同一色彩表达，其古朴而简洁的特点得到充分体现。早期髹漆家具的主体色调是以红、黑两色为主（图6-64）。如楚髹漆家具纹饰主要用红和黑两种色彩，彩绘通常会以黄、朱、金、银、暗红、褐、浅黄、绿、白、蓝等多种颜色的图案描绘在黑色漆地上。楚人能够将多种饱和的暖色系色彩调和在一起，是充分利用了黑色所特有的调和性，虽然五色繁杂，五彩杂陈，却有着和谐统一、变化自然丰富的色彩美感。在这些色彩瑰丽、斑斓异常的图案纹饰中，最明快鲜亮的主旋律是朱漆的花纹，有时色彩构成还运用红、黑互为底色，对比强烈的红、黑两色，可以达到"生成天质见玄黄"的视觉效果，在此色调上再敷陈五彩，斑斓虚玄，幽远深邃，炫目缤纷，深邃的哲理性与欢愉的感官刺激，心灵的震撼与感官享受完美地融合交汇在一起，形成了绚烂的色彩装饰效果。我们从中也感受到楚人乐观向上的生存意识、崇高的审美理想与多彩的情感创造。

云纹九子奁内底纹饰

髹漆家具发展至明清时期，主要工艺有彩绘、雕漆、镶嵌、雕填、金漆及朱漆等几大类。这一时期可谓是髹漆工艺的巅峰时期。家具的整体色调偏于暖色调，黄、红、褐、黑、金、银等色成为家具纹饰的主要用色，再加以绿色、棕色、蓝色、灰色以及镶嵌材料色彩的辅助使用。纹饰色彩强调对比运用，既有近似色、同类色的使用，又巧妙运用对比色；既有丰富的色彩层次，又有一定的色调，统一中富有变化，给人以富丽而多变的视觉效果。

云兽纹银扣方形漆盒纹饰

图6-64 汉代漆器纹饰
（选自李正光《汉代漆器艺术》）

如雕漆工艺中，剔犀和剔彩时，各种色漆均需连续髹涂数层达到一定厚度后再髹涂其他颜色。剔犀除了朱、黑二色外，也有使用黄、绿或其他颜色的，但必须是对比色，以使其纹理色彩层次清晰。剔犀的表面，一般都雕如意云纹，故又称云雕。此外还有所谓黄地红花、红地黑花，系指先在漆胎上髹涂一层稍厚的黄色漆（或红色漆），再在黄色（或红色）漆面上髹涂厚红色（或黑色）漆层，最后将黄地（红地）刻为红花（黑花）的锦纹。[1]

中国古代家具纹样积淀着五千年来中华民族文化的精髓，纹样蕴含着博大精深的内涵，通过精妙绝伦的有意味的形式向我们传递着美的信息。中国古代家具纹饰艺术不注重"写实"

---

[1] 郭立新. 中国古代髹漆工艺 [J]. 广西民族学院学报（自然科学版），1998，19(3)：52-54.

重"传神",不注重"再现"重"表现",提升为"物我同一"的审美观念,是中国人文化意识和形态哲学观念的体现。古代家具纹饰体现了古人对自然规律的总结,以及通过想象和创造的主观意匠,透射出古人对吉祥、幸福生活的向往。

二、浓淡相宜的装饰美

装饰是人类文明的方式和产物,当装饰成为人类生存的发展不可缺少的一环、成为人生存生活必备内容时,装饰实际上成了人的一种生活方式,即艺术化地生活的方式。[1] 中国古代家具的装饰是伴随着家具的诞生而产生的。古代家具的装饰是人类文明和文化发展到一定阶段的产物,它本身是一种文化现象和文化的一种存在方式。家具装饰不仅是一种艺术,更是一种文化。它具备人类造物行为方式的所有的文化性和文化意义,家具的装饰作为文化的物化形态,往往带着文化的、礼仪的、伦理的或宗教意义的表达。

宗白华先生曾用不同风格的诗文比较来总结中国传统审美观中的两种不同的审美理想,即错采镂金的美和芙蓉出水的美。鲍照比较谢灵运的诗和颜延之的诗,谓谢诗如"初发芙蓉,自然可爱",颜诗则是"铺锦列绣,亦雕绘满眼"。《诗品》:"汤惠休曰:'谢诗如芙蓉出水,颜诗如错彩镂金'。颜终身病之。"这可以说是代表了中国美学史上两种不同的美感或美的理想。[2]

这两种不同的审美观一直在中国历史上延续下来,对古代家具设计产生了深远的影响。春秋战国时期楚式家具的繁缛富丽,隋唐家具的丰满华丽,清代家具的奢华繁富,这是一种美,是"错彩镂金、雕绘满眼"的美。汉代家具的写实精炼,魏晋南北朝家具的清新自然,宋代家具的简洁纤秀,明代家具的典雅秀美,这又是一种美,是"初发芙蓉,自然可爱"的美。

上文中我们谈到了古代家具的装饰在某一方面会完全成为政治化和礼化的工具与手段,已突破了纯粹的审美范畴。历代的帝王无一例

图 6-65 曾侯乙墓尊盘(战国早期)尊高 33.1 厘米、盘高 24 厘米(选自李学勤《中国青铜器概说》)

[1] 李砚祖. 装饰之道 [M]. 北京:中国人民大学出版社,1993:5.
[2] 宗白华. 美学与意境 [M]. 北京:人民出版社,1987:380.

外地把豪华的装饰与自己的身份、地位、权力、财富联系在一起，家具的奢华装饰成了贵族统治阶级的特殊精神需要和权力的象征，这一现象从人类进入阶级社会以后便开始存在了。三代的青铜器花纹满饰、整齐严肃、雕工细密便是最典型的代表。统治阶级专用的青铜器纹饰不仅满密，而且装饰工艺细腻。铜器上的纹样复杂，不但有主纹饰和底纹，在主纹上还有第三层的刻画纹饰，俗称"三层花"，立体的雕琢和镶嵌使青铜礼器增添了视觉美感。讲究的青铜器造型源自对美的追求，高座、兽足、附耳、加盖等体现了人们的审美趣味趋向高雅华贵。

　　青铜工艺发展到春秋战国时期更是达到了炉火纯青的地步。装饰方法有刻划线纹、镶嵌、鎏金、金银错、镂空等，刻纹细如发丝，镶嵌以蚌、绿松石、玉、金银等材料为主，使青铜器突破了形、色、质的单一性，增加了色彩与材质的对比，显示出华美的外表。铸造工艺中使用失蜡法的工艺制作出的纹样最为精美，能产生出奇异、富丽、繁缛的装饰形态。如曾侯乙墓出土的尊盘（图6-65），透空的细密多层次的蟠螭纹，以及与之连接的云纹，非常繁复，使青铜工艺达到了先秦青铜装饰工艺的极致，这也是统治阶级所刻意追求的结果。楚髹漆家具造型富于变化，色彩绝艳，装饰工艺精湛绝伦，雕刻、贴金、镶嵌、针刻、扣器等多种装饰手段的运用娴熟。髹漆家具上装饰有色金属或宝石，使漆器的观感既深沉绚丽又光彩夺目。针刻工艺的运用标志着后世"雕漆""填漆"工艺的萌芽。此工艺是在髹好的漆面上，用针或其他利器刻出细如蚕丝的线条，然后填上其他漆色，显示出优雅劲利的图案。扣器工艺是用金属圈安放在漆器的口沿或底圈，使漆器既坚固耐用，又富丽堂皇、晶莹夺目。楚国的"扣器"是我国著名漆制品"金银嵌漆器"的早期形式。唐代开始的"金银平脱"漆器，以及明清两代盛行的"螺钿加金银片"漆等，虽在装饰工艺上有区别，但从基本原理上看，都是从楚国的"扣器"工艺逐步发展起来的。楚髹饰工艺中还有"贴金"技术，就是在黑色器表上粘贴金箔，使漆器具有强烈的视觉效果，

（明）黄花梨霸王枨条桌

（清）黑漆炕几

图6-66 明式家具的无饰之美
（选自王世襄《明式家具珍赏》）

图6-67（清中期）黑漆描金海棠式花卉纹几
（选自关毅《中国古代红木家具拍卖投资考成汇典》）

可以看出先秦时期所处的艺术环境是"错彩镂金、雕绘满眼"的世界。但即便如此，先秦思想家们对于装饰艺术的态度却各有不同。墨子主张实用，反对装饰；庄子主

图 6-68 （清中期）填漆戗金鸿雁图二层方盒
（选自关毅《中国古代红木家具拍卖投资考成汇典》）

图 6-69 （清中期）识文描金瓜果纹套盒（选自关毅《中国古代红木家具拍卖投资考成汇典》）

张"既雕既琢、复归于朴"；老子认为"五色令人目盲，五音令人耳聋"；孔子提倡"文质彬彬"；荀子主张重雕饰。无论是肯定的还是否定的，都代表了历史上装饰艺术审美的不同观点，这些思想对后世的审美传统影响极大。

到了魏晋南北朝时期，中国人的审美表现出一种新的美的理想，就是认为"初发芙蓉"之美比起"错彩镂金"之美有一种更高的美的境界，注重表现自己的思想，自己的人格，体现自身的价值，而不是一味追求雕琢。这与孔子的"文质彬彬"和庄子的"既雕既琢、复归于朴"有内在的一致性。这两种美的理想，从另一个角度看，正是文与质，美与真、善的关系问题。

强调文与质的和谐关系，是中国传统设计文化的基本精神。"文质彬彬"既是装饰的审美尺度，又是装饰的一种审美境界。这种装饰境界是以适宜为美的境界。庄子则希求既雕既琢之后的返璞归真，从饰的境界进入无饰的境界，庄子的这种

图 6-70 （清）紫檀边座点翠竹插屏（选自吴美凤《盛清家具形制流变研究》）

装饰审美理想，切进了艺术把握世界的最神圣的理想之境，即"大音稀声""大象无形""大巧若拙"、大匠不雕的绝妙天然之境，是一种得于自然又超乎自然的审美体验。[1]明式家具造型简洁、结构合理、秀丽、朴素，强调家具各部位线条的变化，把家具装饰看作整体的有机组成部分，以"线脚"为主的造型手法，体现了明快、清新的艺术风格。明式家具大多不事雕琢，结合造型在部分构件上的小面积点缀雕饰，使明式家具体现出一种隽永、古朴、端庄、刚柔并济的独特风格。它内敛而温厚、挺拔而飘逸，有一种"清水出芙蓉，天然去雕饰"

[1] 李砚祖. 装饰之道[M]. 北京：中国人民大学出版社，1993：121.

的美感（图 6-66）。明式家具蕴含着一种寓朴素纯真于装饰之中的审美理想。

清式家具表现出对细部装饰过多追求的特点，这和这一时期的经济、社会状况有关。康、乾盛世的经济稳定，使贵族之间争奇夸富之风浓厚，促使清代宫廷家具装饰的日趋复杂、烦琐；西方传教士带来的先进科学技术和艺术文化，则掀起了模仿西方家具造型的热潮。除此之外，清代家具还吸收了工艺美术的成就，大量出现雕漆、填漆、描金漆家具。木家具的装饰和雕刻也大量增加，并常利用玉石、陶瓷、珐琅和贝壳等做成镶嵌装饰。在造型上，以豪华繁褥为风格，突出强调稳定、厚重的雄伟气度；装饰内容上大量采用隐喻丰富的吉祥瑞庆题材，来体现人的生活愿望和幸福追求；制作采用多种材料和手段，融合雕、嵌、描、绘、堆漆、剔犀等高超技艺，镂镂雕刻巧夺天工，达到威严、豪华、富丽的目的，并吸收了外来文化的长处，在家具的外在形式上大胆创新，变肃穆为流畅，化简素为雍贵（图 6-67—图 6-70）。清中后期家具的装饰，求多、求满、求富贵、求华丽，多种材料并用，多种工艺结合。甚而在一件家具上，也用多种手段和多种材料，雕、嵌、描金兼取，螺钿、木石并用。此时的家具常见通体装饰，极尽装饰之能事，达到空前的富丽和辉煌。这种雕绘满眼的贵族装饰因其华贵的满饰而在审美层次上难免流于庸俗和浅薄。

装饰作为一种艺术方式和形式，有着自身的审美尺度和审美的境界。从装饰工艺的层面上来说是离不开雕琢、描绘的。从社会文化的层面来说，装饰也难于突破阶级社会伦理观念的束缚。从审美的层面来说，"雕绘满眼"之美与"既雕既琢、复归于朴"的自然之美，这两种不同的审美形式和理想有着不同的审美意境。从中国传统的审美观来看，对"初出芙蓉，自然可爱"之美更加偏爱与欣赏。

第七章

古代家具设计的传播伦理内涵

中国古代家具设计文化通过传承与传播的方式，以物为载体，将行为方式和观念向社会人群传递。这种传递是把物质形态与精神价值以及文化价值向外传递的一种方式与过程。

第一节　古代家具设计的文化传播

传播是人类社会的普遍现象，它涉及人类生活的方方面面。中国对外的文化传播自古以来就比较频繁，影响也很深远。中国席地而坐的起居方式就曾深深地影响了亚洲地区的各国，以至于日本、韩国等国家至今还保留着这种生活方式。中国漆艺术向全世界的传播，使世界各地的髹漆工艺各具特色。中国的明式家具所取得的辉煌成就，对于西方的家具设计，特别是对洛可可式家具风格的形成有着非常大的影响。到了清代，闭关锁国的政策致使文化的交流出现断层，缺少文化的交流，没有文化的对比，使国人对本民族优秀的家具设计文化缺乏深刻的认识，到了清代末期，国门不得已被迫打开，中国家具文化进一步向外传播。

中国古代家具设计的文化传播主要通过家具实物的传播、家具造物过程的传播以及通过语言、文字的形式来传播。

一、古代家具实物的传播

早在 16 世纪末至 17 世纪初，大批的西方传教士来华，当他们见到精美的中国明式黄花梨家具、紫檀家具的时候，令他们顿悟原来世界上使用高级木材制作家具的精华尽在中国。于是多方购买，运送回国，用以陈饰和收藏。从那时起，中国明式家具受到世界的瞩目。随着鸦片战争的开始，帝国主义入侵，资本商人以掠夺手段获取中国的财富，其中自然也包括我国的古代家具。

民国时期，每年都有大量的古代家具被外国人买去。有的外国人直接住在中国收购家具，经他们手运到国外的中国古典家具数以千计。新中国成立以后，文物法令规定古代家具禁止出口，所以被卖到国外去的情况基本扭转。但那时成件古典家具既不能出口，在国内也卖不上价，所以很多家具被拆散锯开当材料卖，有的改制成乐器、秤杆、算盘等器物，实在令人心痛。"文化大革命"期间，国内公私藏家的古代家具，一夜之间被红卫兵宣布为"破四旧"的代表物，被扫地出门，有的被劈了、烧了，更多的被强令集中了，其中一大部分被外贸机构出口了。这对国外收藏家来说是一个千载难逢的好机会，因为中国古代家具在国际市场上的艺术价值和文物价值始终没变。以至于现在在国外的各大博物馆和私人收藏家手里都能见到非常优秀的中国古代家具。

改革开放以后，国外的家具收藏热又刺激了国内的走私热。一时间，搜求古典家具的小商贩遍及全国各地，古代家具又源源不断地流向国外。这一切都说明我们国人长久以来对古代家具的认知程度偏低，对家具也从来不重视，并没有意识到古代家具里所包含的文化价值、艺术价值。中国家具就这样名扬海外，现在世界各国的博物馆都把中国家具作为重点来收藏。近年来，国内古典家具的收藏异军突起，成为继书画、陶瓷之后的第三大收藏品，形成了古典家具的收藏热，古典家具的历史价值、文化价值、艺术价值逐渐被国人所珍视，使中国古典家具文化得以不断地传播。

二、古代家具设计文化的语言文字传播

以语言、文字的形式对古代家具设计文化进行传播是很重要的。我们可以通过匠师的记述和文人的笔记加以了解。如黄大成的《髹饰录》，戈汕的《蝶几图》，屠隆的《考槃余事》，高濂的《遵生八笺》，文震亨的《长物志》，张岱的《陶庵梦忆》，李渔的《闲情偶寄》，还有《鲁班经匠家镜》《三才图会》《考工典》《燕几图》，《天水冰山录》等等，这些著述从家具的史料与理论资料、家具的设计、家具的制作工艺、家具的陈设使用等各个方面记录了古代家具的文脉传承与发展。

时至今日，中国古代家具在国际上越来越受到重视，与三本里程碑式的著作有着密不可分的关系。这三本著作分别是德国人古斯塔夫·艾克于1944年出版的《中国花梨家具图考》；美国人安思远于1971年出版的《中国家具》；王世襄于1985年出版的《明式家具珍赏》，随后1989年又出版了《明式家具研究》。《明式家具研究》是中国古典家具学术研究领域举世公认的一部里程碑式的奠基之作，它创建了明式家具的研究体系，系统客观地展示了明式家具的成就，从人文、历史、艺术、工艺、结构、鉴赏等角度完成了对明式家具的基础研究。这几本书的出版使世人对古代家具有了一个全新的认识，也把中国古代家具提升到一个前所未有的高度，使人们逐渐认识到古代家具的精髓所在，认识到中国古代家具曾经给国人带来一种什么样的生活理念，也使得更多的收藏家、学者来收藏它、保护它和研究它。

国际上负有盛名的佳士得等拍卖行曾数次将中国古代家具推上"锤台"。其中十二扇紫檀屏风，出现过2500万元的拍卖纪录；一对黄花梨顶箱柜，出现过1100万元的纪录。我们从未想过，曾被我们扔掉的，从来不珍惜的文化遗产居然有这么大的价值。这不仅仅是经济价值，更是中国人聪明才智和文化积累的体现。当你在异国他乡的博物馆里，看到一个完全是中国明代的环境空间里，放置了中国的明式家具，我想那种震撼力可能是无法言语的。把中国文化供起来，让世人瞻仰学习，那是一种对于文化的尊重。

中国的古代家具具有极强的文化因素，家具承载着文化，文化通过家具这种实物不停地传递下去。在用物和传物的过程中，人与家具之间会建立一种情感，这种情感因素会不断累积。在古代家具的传承过程中，完成了一种情感与意识形态的交流，一种价值观的传导。

第二节　古代家具的技艺传承

中国古代家具发展至唐代，大一统的封建政权和农业、手工业生产的蓬勃发展不仅造就了繁荣稳定的经济、文化环境，而且在城市商业和海陆间的国际贸易等方面也都出现了前所未有的兴盛局面。从事匠作、园艺、百工细巧和商贸的人空前增加，官办手工业和各种私营作坊等遍布各地。中国的行会在这一时期诞生，行会发展于宋元，盛行于明清。它是手工业发展和商业发展的必然产物。在宋代，商业行会曾有较大的发展，并向商业化、作坊化、工场化的格局发展了一大步，对手工技术的广泛传播和发展起到了不可估量的作用。

行会中的"行"，是行业的总称，它主要涉及以商业交流为中心的手工业诸门类，如宋代的"团行"所包括的行业门类。"市肆谓之'团行'者，盖因官府回买而立此名，不以物之大小，皆置为团行……其他工役之人，或名为'作分'者，如碾玉作、钻卷作、篦刀作、腰带作、金银打钑作、裹贴作、铺翠作、裱褙作、装銮作、油作、木作、砖瓦作、泥水作、石作、竹作、漆作、钉铰作、箍桶作、裁缝作、修香浇烛作、打纸作、冥器作等作分……大抵杭城是行都之处，万物所聚，诸行百市，自和宁门杈子外至观桥下，无一家不买卖者，行分最多……。"[1]

这些以手工业为主的行会，是同行手工业者及匠人们所组织的团行之一。与其他一些行会不同的是，行会成员既是经营者又是生产制作者，他们通过行会组织行帮，一方面使生产的产品换回再生产的资本，另一方面，匠人们可以通过消费者的需求和市场需要有目的地制作适合的产品。手工业行会大都是以这种商业交流形式发展起来的。手工业行会在组织程序中，把崇拜本行业的祖师作为统一匠人的手段，在无形中起到了发展和传播技艺的作用。

行会、行帮对技艺的传播意义还体现在"行"的组织结构和管理制度等诸方面，它比以家庭为核心的管理更组织化，也是技艺保密、保守的一面淡化，一些独到的工艺形式在批量加工过程中，在工场师徒承传中，在相同工艺通过商业渠道交流中得到了广泛的传播。

清代的工场以推理宋代作坊式的工商一体化的组织形式，行帮在手工技艺行业上的作用也就失去了单纯技艺传播的成分，而更多的成分是形式的交流，他们在商业交流中所反馈的信息，虽然一部分用于工匠的再创作，但不是传播的根本。但这种形式可使技艺在传播范围上更为广泛，有信息传达的效能，同时使一些手工技艺由于受市场的制约在生产工艺、表现方法和工艺形式上，改变传统。如家具在式样和品种上的增加就是这种因素导致的结果。它所产生的负面影响就是产品的世俗化与程式化。但这并不妨碍技艺在传播作用及社会功能上的发挥。明清家具艺术的繁荣正表明了行帮、行会的传播所起到的积极作用。技艺的传播为

[1] 潘鲁生. 民艺学论纲 [M]. 北京：北京工艺美术出版社，1998：303.

工艺技术系统化、管理上的制度化开了先河，从这一点来看，它对民族文化的传承与发展的贡献是不可低估的。

第三节 现代中式家具的发展

中国古代家具从夏商周三代一直到明清时期，走过了一个完整的发展历程。直到清朝末年，国门被炮火轰开，中国经历了长达百年的黑暗历史。各国列强的蹂躏践踏、资本主义的掠夺和廉价商品的输入，不仅打破了中国的自然经济，也重创了本来就脆弱的传统手工业。盛极一时的明清家具从此失去了强大的经济基础和社会保障，传统家具业遭受了前所未有的打击，致使中国家具的发展经历了相当长的混乱时期。

1840 年鸦片战争以后，中国进入到半殖民地半封建社会。起初，中国古代家具仍然保持着传统形制，随着资本主义生产方式的兴起，西方文化的入侵，在沿海通商口岸，出现了外商投资开办的家具厂，这些家具厂既制作经营中国传统家具，又仿制欧洲古典家具或美国殖民式家具的样式生产家具。中国近代家具在品种、形式、结构、工艺等各方面均受到很大的影响。随着西方各种设计思潮的传播，中国近代家具多仿制西方流行的款式。欧洲 17 世纪兴起的巴洛克式、帝政式以及 18 世纪开始流行的洛可可式、维多利亚式等西洋风格都在当时的家具制作中有所体现。如家具腿足多采用旋木半柱形式，橱柜与架子床的顶部则普遍施以流线型拱顶式遮檐或"凸"字形匾额式做法，檐额、门面、台座和衬板处常施以拱圆线脚和蕃草葡萄纹图案，表现层次变化的重叠直线和"C"形、"S"形、旋涡形曲线等广泛运用，并在明显部位常施以新型的镜面玻璃和金属包镶工艺。[1] 中国家具虽然受到西方家具风格的影响，但并没有完全仿效，在家具的很多重点部件和装饰工艺等方面仍然保持了中国传统家具的风格，由此形成了一种既区别古代家具，又不同于西方家具的新格局，这也代表了传统家具向现代家具的过渡形式。虽然这种家具形式带有殖民主义的烙印，但从另一方面来说，它打破了传统家具的封闭局面，为近现代家具发展注入了新的血液。

新中国成立以后，我国家具在造型风格和结构上没有太多的变化，家具品种单一，外观朴实坚固，设计缺少创新。中国家具经历了二十世纪五十年代以前的框式结构，二十世纪六七十年代的板式结构，直到改革开放以后，才开始打破这种僵局。由于尘封已久，又经过前期较长的混乱期，国门再度打开，我们受到国外的设计文化和先进技术的强烈冲击，本国优秀的家具设计文化已经变得模糊，甚至淡忘，一时间现代中式家具的设计、发展找不到方向。

现代中式家具应是运用现代技术、设备、材料与工艺，创造出的具有中国文化内涵和神

---

[1] 李宗山. 中国家具史图说 [M]. 武汉：湖北美术出版社，2001：393.

韵的家具。具体来说，现代中式家具根植于中国优秀的家具设计文化，吸收中国传统艺术的精髓，巧妙地把中华民族所特有的文化特征与时代风尚相结合，同时与现代的居住环境、生活、工作方式相协调，既符合现代家具的标准化与通用化的要求，能适应工业化批量生产的家具，又体现时代性。因此，现代中式家具应该是具有中国风格的、科技含量高的、绿色环保的、能体现中国人文精神的家具综合体。那些历史遗留下来的传统家具，或者是被修复的传统家具，或是现代仿制的传统家具等均不属于现代中式家具的范畴。

现代中式家具是具有中国气质的、有明显中国主义烙印、有中国韵味的现代家具。中国传统家具设计文化无论是设计理念，还是设计形式，都是我们取之不尽、用之不竭的设计源泉。古为今用，借古开今，化古为新等思想，并不仅限于造型的重塑和制作技术的简化，而是一种文化内化之后的转译。现在，但凡说到中式家具，就会走入传统明清家具的怪圈，单纯地走复古路线，这会使现代中式家具未来发展之路越走越窄。

简单的传统中式符号的堆砌不是真正意义上的现代中式家具，也不是只有用传统硬木材料才能做出中式的味道。现代中式家具对于传统设计文化的继承，不能只浮于表面，而更多的应是精神层面的承继，文化底蕴与对生活的感悟直接影响着家具设计的结果。我们需要充分领悟中国传统文化的深邃内涵，摆脱传统家具的物化表象，进入更深层次的精神领域去探寻。提炼出具有中国特有的文化符号，打造出具有中国文化精神的现代中式家具。

现代中式家具在用材、结构设计、造型变化、人体工程学、工艺生产、绿色生态环保等各方面需要重新、系统地整合，从现当代审美的视角，创造具有中国特色的当代家具。在造型设计方面，可以将国人对线的解读，对线的艺术处理和丰富运用继续灵活与巧妙地运用到现代中式家具中去。对于传统家具纹饰的应用，应适应当代工业化生产的加工要求和人们的审美取向，凝练出中华民族特有的文化符号，使家具突出民族的性格特征与精神内涵。丹麦的设计大师汉斯．韦格纳早年曾对中国家具进行深入研究，曾经从明式家具中的圈椅获得设计灵感，并在 1949 年设计出了命名为"中国椅"的扶手椅（图 7-1）。他采用现代的设计手法，简化造型，座面加以软垫，使人在使用中更为舒适。扶手椅保留了明式圈椅的设计意念和家具的神韵，并同时突出了时代特征。

图 7-1 韦格纳设计的"中国椅"

芬兰家具设计师约里奥·库卡波罗设计的具有东方风情的椅子，融入了现代的设计手法和理念，使椅子下部简化，椅腿呈三脚架斜置，造型简洁而轻盈。它的灵感同样也是来源于中国明式家具中的座椅设计，设计中运用了现代的结构工艺和材料，注重以人为本的设计思想，强调人体工程学在设计中的重要性，座椅可随意自由拆装，同时也可以折叠，既节省空间又方便贮存和运输。设计师把功能与结构、美观与舒适有机融为一体，座椅的设计造型简练、

轻巧而活泼（图
7-2）。

中国著名家
具设计师朱小杰
先生所设计的一
系列既时尚又具
有中国韵味的家
具可以看作是现

图 7-2 东西方系列椅（选自方海《现代家具设计中的"中国主义"》）

代中式家具发展之路上的一枝奇葩。朱小杰先生对中国古
代家具的研究可谓是醉心与执着，尤其对明式家具偏爱有
加，但他并未深陷其中，而是巧妙地运用现代设计方法表
达出东方的文化意蕴。在朱小杰的设计世界中，我们可以
感受到他在东方与西方之间，现代与传统之间游走自如，
他能将西方对于家具设计的理念、先进的生产技术与中国
传统文化合为一体，设计既传统又不失时尚美感，既简洁
又细腻得耐人寻味，风格独特。如"清水椅"的设计（图
7-3），这款椅子采用了花纹独特的南非产斑马木，这一材
料有浅黄色的木色和深棕色的年轮线，这种木材的独特之
处是从任何一个切面都能获得优美的纹理，让人感受到原
木所特有的自然美感。设计师"因材制宜"，运用现代的
手法既把天然材质的肌理、光泽、质感自然地呈现出来，
同时又表达了传统的东方设计文化。再如"睡美人"躺椅
的设计（图 7-4），斑马木散发着自然的、原始的气息，扶
手处线条婉转流畅，顺势而下的椅面没有多余虚饰。整个
躺椅不用一铁一钉铆合，在接口处使用中国古代家具结构
中的"燕尾榫"，家具牢固大方又古意浓郁。"睡美人"
躺椅融会东西方家具设计的精髓，使用线与面来作为主要
的设计元素，整个家具自然流畅，有机统一。

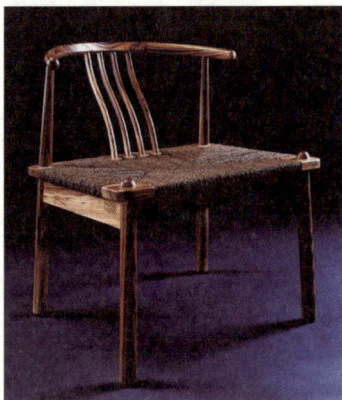

图 7-3 清水椅（朱小杰设计）

随着现代科技的进步，种类繁多的人工合成家具材料
层出不穷，为现代家具设计提供了更为宽广的选材空间。
现代中式家具完全不用拘泥于传统的家具用材，它既可以
是传统的硬木，也可以是其他木材或藤、竹材、人造板材、

图 7-4 睡美人躺椅设计（朱小杰设计）

合成塑料、玻璃、集成材、金属等等。材料的多样化可以最大限度地丰富设计的意匠空间，
又能够节约有限的森林资源，利于生态环境的平衡。这对原本森林资源就匮乏的中国而言，

广泛运用各种家具材料，才能更好地满足人们的需求。因此，材尽其用，对古代家具用材有所突破和创新才是现代中式家具的用材之道。

古代家具的生产方式是典型的手工艺的制作方式，技艺高超的工匠们造就了中国古代家具超凡的设计品质，满足了统治阶级、达官显贵的需求。而当今社会，家具设计任务是满足众多消费者的需求，让大众能享受设计的成果。所以，现代中式家具的生产必须走工业化生产的道路，实现高效率生产。现代生产技术的进步不断地推动着家具加工工艺的发展。弯曲加工技术、热压技术、一次性成型技术以及加工工具的发展应用（如切割机、精细雕刻机、打孔机等），使家具制作的工艺水平得到极大的改善。尽管如此，手工艺生产方式也不应被完全抹杀，而应把它看作一种很重要的、不可或缺的生产方式，它有着机械制造不可比拟的特性。手工加工的家具凝聚了造物者的情感与经验，更有人情味，使家具更具艺术性与个性。

现代中式家具生产要提高生产率，节约资源消耗，降低成本，减少浪费，在家具结构上要摆脱古代家具榫卯结构的束缚，结构要多元化。例如用连接件或圆棒榫来替代榫卯，可以增强家具的拆装性，并简化生产工艺，提高生产效率。利用五金件来代替、简化家具结构，是现代中式家具发展的一条良好途径。此外，产品结构设计的有效方法之一是模块化设计，这也是生态家具设计中确定产品结构方案的常用方法。一系列标准化的功能模块研制出后可以广泛运用到各种产品家具设计中，通过组合不同标准件的方式就可以形成不同规格和功能的家具。以少变应多变就是模块化设计的目的，以最少的投入产出最多的产品，以最经济的方法满足各种要求。

现代中式家具的发展要适应循环经济和可持续发展的要求，努力处理好人与环境的平衡。材料选择尽量选用已回收材料或可再生的天然材料，易加工、加工过程无污染或污染最小的低能耗材料，可降解或可回收再利用的材料。减少物质消耗主要可以通过减少体量，精简结构来实现，以"尽量少的材料满足尽量大的功用"，从而降低资源消耗，减少对环境的影响。减少不必要的家具生产，这样资源、能源的消耗就会减少，污染也会相应减少。

中国是一个拥有灿烂文明的国度，我国古代家具正是以其独有的风格特质备受世界的瞩目。设计是在继承的基础上进行创新的过程，我们要根植于传统设计文化、古代家具设计的伦理精神，结合现代的时代特征、生产技术，大胆

图 7-5 朱小杰家具设计

开拓创新，在发展中继承，使中国现代家具既有传统的艺术特质，又不失鲜明的时代性，给传统的艺术风格注入新的活力，这将是我们共同努力的方向。相信终有一天，在国人的不断努力下，现代中式家具将续写中国古典家具的辉煌（图7-5）。

第八章

结 论

由于历史的原因，我国曾经封闭了相当久的时间。改革开放，使我们突然接受了太多的信息，也让我们看到了各方面的差距。我们努力地追赶，却在过程中丢失了太多我们的优秀文化传统。本书的研究作为设计文化研究的一个方面，以古代家具研究作为基点，借助伦理学的视角，重新审视传统生活方式及家具设计行为中所蕴含的行为准则及价值标准，分析并探讨其是否仍然适用于今天的价值范畴及伦理学命题。本书的研究并不是简单地论证它们在那些逝去时代的全部合理性，而是希望寻找建构于数千年文明基础之上的生活文明准则、价值标准与今天的人文精神中的契合点，当人们在面临环境危机、生存危机的时候，对我们的行为应予以必要的反思。所以，古代家具设计伦理的研究，对于现代家具行业的发展具有重要的、指向性的现实意义。

本书从古代家具设计的文化伦理内核、古代家具设计的生态伦理内涵、古代家具设计的科技伦理内涵、古代家具设计的审美伦理意蕴和古代家具设计的传播伦理内涵来解读中国古代家具的设计伦理精神，并将古代家具的设计伦理精神置于人们集体行为和传统生活方式的大背景之中，侧重于从家具设计造物实践中所包含的各种利益关系及其所折射出的群体意识和行为规范的视角，来思考中国传统文化精神对于今天人类社会发展所具有的现实意义。

人类造物文明的进步使人类从"野蛮"进入到"文明"，这一进程无疑具有伟大的意义，对人类造物行为的反思并没有否定人类这一进步的意思。但是，以负责任的态度对待人类社会的发展才是我们所追求的真正有价值的终极目标。而对于这一目标的思考已延续了几千年，从中所积累的人类智慧成果的价值不会因为时间的推移而变得陈旧和过时，人类社会继续往前行进，过去的价值标准对于未来未必完全适用，但伴随着人类社会发展历程的人们对于"真""善""美"的追求却始终未曾改变。

中国古代家具设计伦理所体现的是传统中国人在处理人、物、自然之间关系的特殊态度，它表现为一种将三者系统整合的时中精神和对和谐、有序、平衡的自然境界的追求，这也是中国传统和合精神在设计造物行为中的具体展现。通过对家具设计造物行为伦理特征的分析，我们可以感受到古代家具设计伦理精神既是人文的，又是科学的，也由此决定了它不仅仅是传统的、过去的，也是现代的，更是未来的，它对人类未来的设计行为无疑具有不可忽视的启示作用。

现在，人类社会进入到可持续发展的阶段。可持续发展理论在 20 世纪 80 年代被提出，这一理论是基于人类对于自然的不当态度和掠夺行为，人与自然的矛盾日益突出以及由此而产生的人与人之间的矛盾而提出的。随着人类面临的环境日益恶化，并且逐渐发展为全球生态系统危机，人们意识到伦理道德的丧失是造成生态环境危机的更深层次的原因，由此提出从伦理道德的角度研究和调整人与自然之间的关系，来建构可持续发展的环境伦理观。人类的设计造物行为创造了人类的生活方式，提高了人们的生活质量，使人与物、人与自然发生了直接联系，这一行为的发生依赖于科学技术的发展。科学技术是人类开发自然、征服自然的一种工具，它没有价值理性作为支撑的基础，科学技术的运用既可以打造美好的生活，同时也可以毁灭一切，所以，它需要伦理道德的理性规范。从这个意义上说，中国古代家具设计伦理对于协调人、物、自然三方的关系所积累的经验对现代社会的设计发展策略可以提供有益的参照，从古代家具造物传统中可以看到伦理精神的根本指向，即对社会群体利益的长期满足，以中国人主张矛盾的和谐的哲学观保持自然生态的平衡与良性发展。把人、物、自然的和谐共存、协调发展视为行为方式的先决条件。由此我们可以看到，中国古代家具设计伦理所追求的是设计价值所蕴含的全部意义，也就是精神价值和物质价值的综合，即自然界的物质价值、经济价值、技术价值、道德价值和审美价值。而现代的设计造物行为往往会忽略某些方面，从而导致造物行为的异化发展。所以在人类灾难与希望共存的当下，我们必须以思辨的态度重新审视古代家具的造物行为，重新思考和界定"伦理"的意义。造物的最终目标应该是对于人与社会、人与自然、人与物之间综合关系的理性协调，使人类社会朝着自己理想的目标和谐发展。造物不仅要注重物的实用功能和审美价值，更要回归伦理的范畴。

　　设计的目的是人而不是产品，设计必须以人为本，这种以人为出发点的设计一定要体现出设计的全部意义和价值。所以，无论是现在还是未来，我们永远呼唤设计者的伦理意识，呼唤人类用负责任的精神来面对我们自己的生存世界，把设计的伦理精神作为人类可持续发展的坚实的理性支撑。

参考文献

[1] 余亚平，李建强，施索华．伦理学 [M]．上海：上海交通大学出版社，2002.

[2] 张岱年．中国伦理思想研究 [M]．南京：江苏教育出版社，2005.

[3] 罗炽，白萍．中国伦理学 [M]．武汉：湖北人民出版社，2002.

[4] 赵屹．中国民具传统与造物伦理研究 [D]．南京：南京艺术学院，2000：2.

[5] 王育殊，史宇澄，等．伦理学探微 [M]．徐州：中国矿业大学出版社，1991.

[6] 李宗山．中国家具史图说 [M]．武汉：湖北美术出版社，2001.

[7] 许平．造物之门 [M]．西安：陕西人民美术出版社，1998.

[8] 马未都．马未都说收藏·家具篇 [M]．北京：中华书局，2008.

[9] 徐飚．成器之道——先秦工艺造物思想研究 [M]．南京：江苏美术出版社，2008.

[10] 李砚祖．艺术与科学（卷一）[M]．北京：清华大学出版社，2005.

[11] 中共中央马克思恩格斯列宁斯大林著作编译局．列宁选集（第4卷）[M]．北京：人民出版社，1972.

[12] 胡适．中国哲学史大纲 [M]．上海：上海古籍出版社，1997年.

[13] 郭沫若著作编辑出版委员会．郭沫若全集（第2卷）[M]．北京：人民出版社，1982.

[14] 邹昌林．中国礼文化 [M]．北京：社会科学文献出版社，2000.

[15] 李泽厚．新版中国古代思想史论 [M]．天津：天津社会科学院出版社，2008.

[16] 朱熹．论语集注 [M]．济南：齐鲁书社，1992.

[17] 司马迁．中华名史集成 [M]．杨钟贤校订，天津：天津古籍出版社，1998.

[18] 杨天宇．礼记译注 [M]．上海：上海古籍出版社，2004.

[19] 王世襄．明式家具研究 [M]．北京：生活·读书·新知三联书店，2007.

[20] 胡文彦，于淑岩．中国家具文化 [M]．石家庄：河北美术出版社，2002.

[21] 李轶南．论中国器物的象征性特性 [J]．装饰，2001，99（01）：60-62.

[22] 杭间．从《黄帝内经》看明式椅的"功能" [J]．装饰，1999，87（01）：56.

[23] 李砚祖．装饰之道 [M]．北京：中国人民大学出版社，1993.

[24] 张光直．中国青铜时代 [M]．北京：生活·读书·新知三联书店，1999.

[25] 王琴．中国器物：传统伦理及礼制的投影 [J]．艺术百家，2007，98（05）：146-151.

[26] 朱家溍．明清室内陈设 [M]．北京：紫禁城出版社，2008.

[27] 胡德生．古代的椅和凳 [J]．故宫博物院院刊，1996，73（03）：23-33.

[28] 王世舜．尚书译注 [M]．成都：四川人民出版社，1982.

[29] 赵克理．顺天造物：中国传统设计文化论 [M]．北京：中国轻工业出版社，2008.

[30] 张国庆 . 中和之美 —— 普遍艺术和谐观与特定艺术风格论 [M]. 北京：中央编译 出版社，2009.

[31] 李约瑟 . 李约瑟文集 [M]. 沈阳：辽宁科学技术出版社，1986.

[32] 朱立元 . 天人合一 —— 中国审美文化之魂 [M]. 上海：上海文艺出版社，1998.

[33] 李泽厚，刘纲纪 . 中国美学史 [M]. 合肥：安徽文艺出版社，1999.

[34] 张燕 . 论中国造物艺术中的天人合一哲学观 [J]. 文艺研究，2003，148（06）： 114-120.

[35] 刘纲纪 . 传统文化、哲学与美学（新版）[M]. 武汉：武汉大学出版社，2006.

[36] 刘湘溶 . 生态伦理学 [M]. 长沙：湖南师范大学出版社，1992.

[37] 徐永吉 . 家具材料 [M]. 北京：中国轻工业出版社，2000.

[38] 刘杰成，李卓 . 论中华造物观中的"木道"[J]. 家具与室内装饰，2004，67 （09）：70-72.

[39] 何明，廖国强 . 中国竹文化 [M]. 北京：人民出版社，2007.

[40] 何豪亮 . 中华髹漆学 [M]. 北京：人民美术出版社，1999.

[41] 唐家路 . 民间艺术的文化生态论 [M]. 北京：清华大学出版社，2006.

[42] 长北 . 中国古代艺术论著集注与研究 [M]. 天津：天津人民出版社，2008.

[43] 管子 . 诸子集成（七）[M]. 石家庄：河北人民出版社，1986：242.

[44] 任俊华，刘晓华 . 环境伦理的文化阐释 —— 中国古代生态智慧探考 [M]. 长沙： 湖南师范大学出版社，2004.

[45] 邹广文 . 文化·历史·人 [M]. 武汉：华中师范大学出版社，1991.

[46] 王琥 . 漆艺术的传延 —— 中外漆艺术交流史实研究 [D]. 南京：南京艺术学院， 2003：12、27.

[47] 后德俊 . 楚国科学技术史稿 [M]. 武汉：湖北科学技术出版社，1990.

[48] 张正明，萧兵 . 楚文艺论集 [M]. 武汉：湖北美术出版社，1991.

[49] 杭间 . 中国工艺美学思想史 [M]. 太原：北岳文艺出版社，1994.

[50] 闻人军 . 考工记 [M]. 北京：中国国际广播出版社，2011.

[51] 李泽厚，刘纲纪 . 中国美学史（第一卷）[M]. 北京：中国社会科学出版社，1984.

[52] 李砚祖 . 工艺美术概论 [M]. 济南：山东教育出版社，2002.

[53] 邵琦，李良瑾，陆玮，等 . 中国古代设计思想史略 [M]. 上海：上海书店出版社， 2009.

[54] 陈万求 . 中国传统科技伦理思想研究 [M]. 长沙：湖南大学出版社，2008.

[55] 李渔 . 闲情偶寄 [M]. 西安：陕西人民出版社，1998.

[56] 胡文彦 . 中国历代家具 [M]. 哈尔滨：黑龙江人民出版社，1988.

[57] 李泽厚 . 中国古代思想史论 [M]. 合肥：安徽文艺出版社，1994.

[58] 李泽厚. 中国思想史论 [M]. 合肥：安徽文艺出版社，1999.

[59] 高丰. 中国器物艺术论 [M]. 太原：山西教育出版社，2001.

[60] 俞磊，高艳. 中国传统油漆髹饰技艺 [M]. 北京：中国计划出版社，2006.

[61] 张德祥. 中国古代家具上的楔钉销砲 [J]. 收藏家，1997，23（03）：56-62.

[62] 吴叶红，赵洪. 家具的空间涵义 [J]. 室内设计，2007，67（03）：2-8.

[63] 李敏. 中国古典家具略论 [J]. 家具与室内装饰，2007，96（02）：16-17.

[64] 文震亨. 长物志 [M]. 赵菁，译. 北京：金城出版社，2010.

[65] 刘敦桢. 中国古代建筑史 [M]. 北京：中国建筑工业出版社，1998.

[66] 叶朗. 中国美学史大纲 [M]. 上海：上海人民出版社，1985.

[67] 陈望衡. 审美伦理学引论 [M]. 武汉：武汉大学出版社，2007.

[68] 宗白华. 美学散步 [M]. 上海：上海人民出版社，1981.

[69] 韩继中. 唐代家具的初步研究 [J]. 文博，1985，5（02）：47-51.

[70] 王世襄. 明式家具珍赏 [M]. 北京：文物出版社，2003.

[71] 郭立新. 中国古代髹漆工艺 [J]. 广西民族学院学报（自然科学版），1998，19
     （03）：52-53.

[72] 邵晓峰. 宋代家具：明式家具之源 [J]. 艺术百家，2007，（05）：182-184+94.

[73] 宗白华. 美学与意境 [M]. 北京：人民出版社，1987.

[74] 陆志荣. 清代家具 [M]. 上海：上海书店出版社，1996.

[75] 潘鲁生. 民艺学论纲 [M]. 北京：北京工艺美术出版社，1998.

[76] 吴智慧. 室内与家具设计 [M]. 北京：中国林业出版社，2005.

[77] 居阅时，瞿明安. 中国象征文化 [M]. 上海：上海人民出版社，2001.

[78] 孙景荣，陈永贵，杨润. 清代家具与室内装饰 [J]. 西北林学院学报，2007，
     （02）.

[79] 陈琦. 明清家具在园林建筑中的陈设角色 [J]. 温州大学学报（自然科学版），
     2008，（02）：43-46.

[80] 高濂. 遵生八笺 [M]. 兰州：甘肃文化出版社，2004.

[81] 午荣. 鲁班经 [M]. 易金木，译注. 北京：华文出版社，2007.

[82] 黄成. 髹饰录图说 [M]. 杨明，注. 济南：山东画报出版社，2007.

[83] 沈福文. 中国漆艺美术史 [M]. 北京：人民美术出版社，1992.

[84] 童书业. 中国手工业商业发展史 [M]. 济南：齐鲁书社，1981.

[85] 宋应星. 天工开物 [M]. 管巧灵，谭属春，注释. 长春：吉林人民出版社，1999.

[86] 邵晓峰. 宋代家具与建筑的关系探析 [J]. 艺苑，2008，（01）：13-19.

[87] 吴智慧. 我国家具业的新型工业化道路 [J]. 家具，2005，（02）：4.

[88] 胡飞. "天时地气材美工巧"的再思考 [J]. 包装工程，2007，（05）：84-87.

[89] 方海，陈红．现代家具设计中的"中国主义"——对椅子原型的研究 [J]．装饰，2002，（03）：61-62.

[90] 张道一．造物的艺术论 [M]．福州：福建美术出版社，1989.

[91] 张西昌．手工造物的绿色意义 [J]．艺术与设计（理论），2009，（03）：24-26.

[92] 张飞龙．中国髹漆工艺溯源 [J]．中国生漆，2008，（01）：21-37.

[93] 李敏秀，胡景初．中国古代审美思想及其在家具艺术中的表现 [J]．郑州轻工业学院学报（社会科学版），2005，（03）：15-20.

[94] 苏珊·朗格．情感与形式 [M]．刘大基，傅志强，周发详译．北京：中国社会科学出版社，1986.

[95] 陈汝东．传播伦理学 [M]．北京：北京大学出版社，2006.

[96] 周月亮．中国古代文化传播史 [M]．北京：北京广播学院出版社，2000.

[97] 余肖红，李江晓．古典家具装饰图案 [M]．北京：中国建筑工业出版社，2007.

[98] 李正光．汉代漆器艺术 [M]．北京：文物出版社，1986.

[99] 李学勤．中国青铜器概说 [M]．北京：外文出版社，1995.

[100] 陈振裕．楚秦汉漆器艺术 [M]．武汉：湖北美术出版社，1996.

[101] 李立新．设计概论 [M]．重庆：重庆大学出版社，2004.

[102] 秦红岭．建筑的伦理意蕴 [M]．北京：中国建筑工业出版社，2006.

[103] 陈喆．建筑伦理学概论 [M]．北京：中国电力出版社，2007.

[104] 雷原，齐怀峰，马玉娟．论语导读 [M]．北京：中国民主法制出版社，2012.

[105] 陈家昌．论语导读 [M]．上海：百家出版社，2007.

[106] 刘大钧，林忠军．周易经传白话解 [M]．上海：上海古籍出版社，2006.

[107] 王德昌．白话中国古典精粹文库 [M]．沈阳：春风文艺出版社，1992.

[108] 赵守正．白话管子 [M]．长沙：岳麓书社，1993.

[109] 张燕．中国古代艺术论著集注与研究 [M]．天津：天津人民出版社，2008.

[110] 文震亨，屠隆．长物志 考槃余事 [M]．杭州：浙江人民美术出版社，2011.